SOCIÉTÉ DES AGRICULTEURS DE FRANCE

COMMISSION INTERNATIONALE
DE VITICULTURE

ORGANISÉE PAR LA SOCIÉTÉ DES AGRICULTEURS DE FRANCE

AVEC LE CONCOURS

DU MINISTRE DE L'AGRICULTURE ET DU COMMERCE
ET DES COMPAGNIES DE CHEMINS DE FER

RAPPORT

PRÉSENTÉ AU NOM DE LA COMMISSION

PAR

M. G. VIMONT

VICE-PRÉSIDENT DU COMICE AGRICOLE D'ÉPERNAY

PARIS

AU SIÈGE DE LA SOCIÉTÉ

1, RUE LE PELETIER, 1

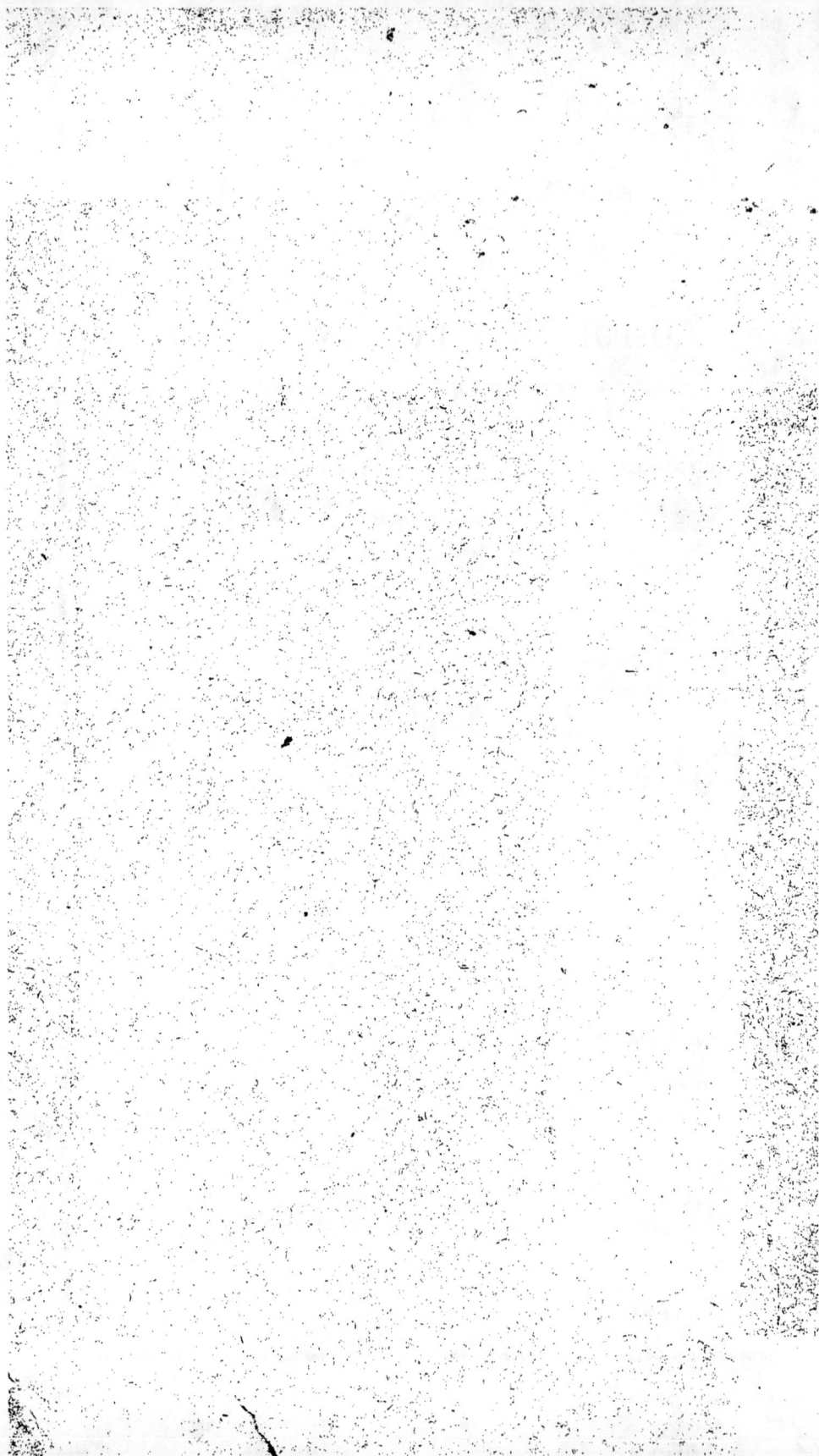

COMMISSION INTERNATIONALE

DE VITICULTURE

RAPPORT

PRÉSENTÉ AU NOM DE LA COMMISSION

SOCIÉTÉ DES AGRICULTEURS DE FRANCE

COMMISSION INTERNATIONALE
DE VITICULTURE

ORGANISÉE PAR LA SOCIÉTÉ DES AGRICULTEURS DE FRANCE

AVEC LE CONCOURS

DU MINISTRE DE L'AGRICULTURE ET DU COMMERCE
ET DES COMPAGNIES DE CHEMINS DE FER

RAPPORT
PRÉSENTÉ AU NOM DE LA COMMISSION

PAR

M. G. VIMONT

VICE-PRÉSIDENT DU COMICE AGRICOLE D'ÉPERNAY

PARIS

AU SIÉGE DE LA SOCIÉTÉ

1, RUE LE PELETIER, 1

1878

COMMISSION INTERNATIONALE DE VITICULTURE

RAPPORT

PRÉSENTÉ AU NOM DE LA COMMISSION

PAR M. G. VIMONT

Vice-Président du Comice agricole d'Épernay

INTRODUCTION

Historique. — En 1869, à peine fondée, la Société des agriculteurs de France, émue des désastres dont les vignobles du Rhône étaient le théâtre, nommait une commission pour aller étudier la nouvelle maladie de la vigne.

Cette commission, présidée par M. le vicomte de la Loyère, renfermait dans son sein les hommes les plus considérables, MM. Gaston Bazille, son vice-président, M. Henri Marès, M. le baron Thénard, etc... Ses travaux, consignés dans le remarquable rapport de M. L. Vialla, président de la Société d'agriculture de l'Hérault, ont contribué, pour une large part, à fixer définitivement les esprits sur les points fondamentaux, confirmés par la suite, mais qu'il fallait d'abord connaître : la cause et la nature du mal, sa marche et son caractère. Ils ont été complétés par une note entomologique sur le phylloxera envisagé au

1

point de vue de son organisation, de ses mœurs et de ses différents modes de propagation.

Demandée, par la commission, aux lumières de l'un de ses membres les plus autorisés, de M. Planchon, professeur à la faculté des sciences de Montpellier, à qui étaient dus et la découverte du phylloxera, et presque tout ce que l'on savait alors de l'insecte, cette note a été publiée par lui et M. J. Lichtenstein à la suite du rapport.

Enfin, c'est au moment où l'heure de la séparation sonnait à Bordeaux, que M. le baron Thénard, l'illustre chimiste, fit la première expérience de ce sulfure de carbone, auquel des fortunes si diverses étaient réservées.

Le passage de la commission de 1869 marque donc une date importante dans l'histoire de l'invasion phylloxérique, l'établissement d'une base certaine où se sont rattachées, si elles n'en découlaient pas directement, les études comme les tentatives sérieuses faites depuis pour s'opposer à la marche du fléau.

Son œuvre se dresse comme un premier jalon, placé en terrain solide, sur cette voie inconnue et peu sûre, que nous devons relever péniblement pour arriver au port.

Après bientôt dix années de recherches et de luttes, alors que les questions scientifiques tenant à l'insecte, élucidées par nos savants, ont passé au creuset de la discussion et se sont fait jour dans de nombreux congrès ; que la pratique démêlant enfin, parmi les remèdes offerts, quelques procédés plus efficaces, se groupe autour d'eux et s'engage, à la suite de guides autorisés, dans les voies diverses d'une expérimentation plus large et plus conforme aux nécessités de la grande culture, la Société des agriculteurs de France a pensé que le moment était venu de se demander, si, enfin, le but ardemment souhaité n'était pas entrevu ; si un second jalon ne pouvait être planté, marquant une nouvelle, et peut-être dernière étape, vers le succès définitif, objet et récompense de tant de vaillants efforts.

Interprète fidèle du public agricole de notre pays, elle a pensé que la France, après avoir convié le monde à ses fêtes brillantes du travail où plus d'un succès l'attendait, pouvait encore montrer utilement, aux nations amies, cette voie douloureuse où elle se traîne la première, poussée par un mal qui ne connaît point de frontière ; qu'elle devait à leurs savants, accourus avec une si cordiale sympathie à ses congrès, un autre champ d'études où le génie humain, triomphant tout à l'heure, se montre comme voilé et jusqu'ici impuissant à protéger, contre les attaques d'un infime insecte, l'une des sources vives de la richesse nationale : heureuse encore si, dans cette grande consultation, en échange de lumières sollicitées, elle leur pouvait livrer cette expérience, si chèrement acquise, et dont avant elle peut-être il leur serait donné de recueillir les fruits.

Composition de la Commission. — L'envoi d'une nouvelle commission dans les contrées phylloxérées fut donc décidé, et les puissances étrangères invitées à se faire représenter dans son sein. Le ministre de l'Agriculture et du Commerce, non content d'approuver hautement cette initiative, voulut bien mettre une large subvention à la disposition de la Commission pour faciliter son œuvre.

Les Compagnies de chemins de fer, particulièrement la Compagnie de Paris à Lyon et à la Méditerranée, et son habile directeur M. P. Talabot, prêtèrent généreusement leur concours et accordèrent à la Commission internationale la circulation gratuite sur leurs différents réseaux.

La Société des agriculteurs de France et son bureau furent extrêmement reconnaissants de cette assistance, et le rapporteur de la Commission est heureux d'être ici l'interprète de leurs sentiments de vive gratitude.

Résolue de s'assurer, dès le principe, toutes les conditions de contrôle et d'information, la Société composa sa délégation de savants, de présidents de Sociétés agricoles des départements envahis, des représentants les plus autorisés des diverses méthodes qui, par leurs succès, aspirent à l'honneur de sauver nos vignobles; de quelques-uns de ses membres, enfin, appartenant à des régions encore indemnes.

C'est parmi ces derniers que la Commission a choisi son rapporteur. Elle a voulu ainsi, par un scrupule exagéré, livrer un gage indiscutable de l'impartialité complète, de l'unique passion de vérité qui allait animer ses travaux.

Elle se trouve donc composée, pour les nations étrangères, de :

M. de Aguiar, vice-président de l'Académie royale des sciences de Lisbonne, représentant le gouvernement portugais.

M. le Dr Fatio, de Genève, représentant la Confédération suisse.

M. Sébastien Garcia, commissaire royal de l'agriculture, de l'industrie et du commerce de la province de Tarragone, membre du jury de l'Exposition universelle, représentant le gouvernement espagnol.

M. le chevalier F. Lawley, président du comité central de viticulture du ministère de l'agriculture, de l'industrie et du commerce d'Italie, représentant le gouvernement italien.

M. Schlumberger, vice-président de la Société d'agriculture de Baden (Autriche), représentant le gouvernement autrichien.

Les membres de la Commission sont, pour la France :

M. le vicomte de la Loyère, président de la section de viticulture de la Société des agriculteurs de France.

M. Gaston Bazille, membre du conseil supérieur du commerce, de l'agriculture et de l'industrie.

M. le Dr Crolas, professeur à la faculté de médecine de Lyon.

M. Gustave Engel, de Bâle.

M. Fallières, secrétaire général de l'association viticole de Libourne.

M. de Lamolère, inspecteur du chemin de fer de Paris à Lyon et à la Méditerranée.

M. Marion, professeur à la faculté des sciences de Marseille.

M. le Dr Micé, président de la Société d'agriculture de la Gironde.

M. Mouillefert, professeur à l'école d'agriculture de Grignon.

M. Muntz, directeur des laboratoires de l'institut national agronomique.

M. P. Oliver, vice-président de la commission départementale des Pyrénées-Orientales.

M. Piola, président de l'association viticole de Libourne.

M. Planchon, membre correspondant de l'Institut, professeur à la faculté des sciences à Montpellier.

M. Maxime de la Rocheterie, président de la Société d'horticulture d'Orléans, secrétaire du comité d'étude et de vigilance du Loiret, contre le phylloxera.

M. Teissonnière, membre de la chambre de commerce de Paris, membre du conseil de la Société des agriculteurs de France.

M. Terrel des Chênes, rédacteur en chef du *Moniteur vinicole*.

M. le marquis de Virieu, membre du conseil de la Société des agriculteurs de France.

M. Georges Vimont, vice-président du Comice agricole d'Épernay.

M. Ed. Martel, également nommé, s'était d'avance fait excuser.

La Commission, réunie le 16 août, de bon matin, au

siége de la Société, rue Le Peletier, 1, procédait par accla-
mation à l'élection de son bureau.

Nomination du bureau. — Elle maintenait à la présidence M. le vicomte de la Loyère, ancien président de la
première commission et inspirateur de celle-ci, dont le
dévouement et l'ardeur au service des grands intérêts
viticoles fatigueraient l'éloge même; portait à la vice-
présidence MM. Schlumberger, représentant au bureau,
avec la simplicité la plus bienveillante, ses collègues étrangers, et Teissonnière, le sympathique auxiliaire du Président, dont la modestie vraie ne parvient pas à cacher le
haut mérite. Elle faisait enfin accepter de MM. G. Engel et
Terrel des Chênes les laborieuses fonctions de secrétaire.
M. G. Engel voulut bien y joindre encore celle de trésorier
payeur, tandis que M. de Lamolère se chargeait, avec une
abnégation et un entrain charmants, de la pénible et
importante mission de faire préparer les gîtes et les moyens
de transport.

But de la Commission. — La Commission, ainsi
soulagée de tout souci d'administration, n'avait plus qu'à se
mettre en route. Son but était fort nettement indiqué dans
les lettres de convocation remises à chacun de ses membres : « *Constater les progrès de l'invasion du phylloxera en*
» *France, et les résultats obtenus par les divers traitements*
» *essayés.* » Laissant donc aux savants, aux sociétés d'agriculture, aux expérimentateurs des contrées parcourues, le
soin d'études incompatibles avec une course rapide, elle
dut borner son rôle à une enquête minutieuse des faits
marquants; s'efforçant de bien distinguer, dans le résultat,
ce qui était acquis et sûr de ce qui demeurait douteux;
résolue, d'ailleurs, à affirmer dans ses conclusions les vérités
de tout ordre qui lui seraient apparues.

Itinéraire. — Le même jour, à Orléans, elle était reçue
par MM. Vigneron, Julien Crosnier et de la Rocheterie,
membres de la Commission d'étude et de vigilance du

Loiret. On ne saurait trop louer le zèle de ces messieurs, et spécialement de M. Vigneron, qui surveille les essais et tient un compte exact des résultats. Ceux-ci sont relatés avec soin dans un rapport détaillé dû à la plume élégante de notre collègue, M. Max. de la Rocheterie. Les études ont porté sur des procédés nombreux et des parcelles disséminées au milieu d'autres non traitées. En présence des conditions toutes particulières de ces vignes, on ne peut assez déplorer qu'une mesure d'intérêt public n'ait pas permis d'étouffer ce foyer avancé d'infection, alors que la tache occupait à peine un hectare, dans un terrain où toute autre culture pouvait être avantageusement substituée. Cette tache aujourd'hui s'est accrue.

Franchissant les routes d'Orléans à Gien, celle de Paris à Toulouse, l'enceinte des clos où jusqu'ici il s'était cantonné, le phylloxera est allé fonder de nouvelles colonies, d'où il menace directement les vignobles continus qui s'étendent à gauche de la Loire, vers Cléry.

Les insecticides employés par la Commission d'étude du Loiret ont été : le sulfure de carbone, — d'après les instructions de la compagnie P. L. M. — et surtout les sulfocarbonates de potasse, faiblement étendus d'eau, et injectés à l'aide du pal Gueyraud. Les résultats sont malheureusement assez incomplets. Nous reviendrons sur les faits observés en parlant de chaque traitement, nous bornant ici à retracer sommairement l'itinéraire suivi par la Commission.

Le lendemain 17, celle-ci arrivait à Tournus et se rendait à Mancey où elle visitait, sous la conduite de M. Millot, maire, — l'observateur intelligent et dévoué que chacun sait, — les vignes désormais célèbres par le traitement au sulfo-carbonate exécuté en 1875, sous les auspices de l'Académie. Abandonné aussitôt, ce traitement a été remplacé depuis par le sulfure de carbone appliqué d'après les instructions de la compagnie P. L. M. Pas de résultat complet à enregistrer.

Au retour, la Commission s'arrêtait un instant à **Saint-Lager** pour voir des essais de poudres toxiques, encore en voie de perfectionnement, et que d'ailleurs une expérience trop courte, malgré quelques indices favorables, lui interdisait de juger; elle arrivait le même soir à **Lyon**.

Là, en présence d'affirmations contradictoires au sujet de l'extinction annoncée du foyer bien connu de **Mezel**, elle n'hésita pas à aller vérifier elle-même un fait si important. S'arrêtant, le soir du 18, à Clermont-Ferrand, elle se trouvait le lendemain 19, de bon matin, à **Mezel**, où M. Truchot, — le consciencieux professeur de la faculté des sciences, directeur de la station agronomique, — voulait bien l'accompagner. Elle entendait de M. Archembault, l'intelligent maire de Mezel, l'historique de l'invasion et de la découverte qu'il en avait faite à la suite d'une conférence de M. Truchot, à Pont-du-Château. Elle parcourait les vignes traitées au sulfo-carbonate de potasse légèrement étendu d'eau et versé à la casserole, dans les trous du pal ordinaire de plantation; remarquait l'amélioration notable, suite du traitement, mais constatait avec tristesse, au lieu de l'anéantissement complet de la tache, sa récente et trop réelle extension.

Grâce à l'obligeance du propriétaire, M. Ligier de la Prade, la Commission put examiner, tout près de la tache et un peu au-dessus, une collection nombreuse de vignes américaines et asiatiques apportée là, du Luxembourg, il y a quarante ou quarante-cinq ans environ, et maintenant un peu négligée. Tous les ceps sont encore présents et en santé, à l'exception d'Isabelles jaunes, brisés, dit-on, par la chute d'un mur et l'inondation, mais portant aux racines des phylloxeras.

Traversant ensuite le beau vignoble, aujourd'hui bien menacé, de **Mandon**, vignoble célèbre dans la viticulture, par la pratique de l'incision annulaire qui y est faite avec succès depuis tantôt vingt ans, la Commission s'arrêta un

instant chez le propriétaire, M. le baron de Chaudesai-
gues de Tarrieux, où elle fut l'objet des plus gracieuses
attentions. Nous avons compris, dans ce site magnifique,
où les richesses de la Limagne s'unissent sous un même
regard, par des coteaux chargés de vignes, aux cônes som-
bres et dénudés d'anciens volcans éteints, l'amour de
M. de Tarrieux pour son Auvergne. S'il en est fier, elle
peut, de son côté, se trouver heureuse de retenir et posséder sur son sol ses anciennes familles agricoles, ailleurs
dispersées, dont la distinction, les vertus simples et
fortes ont soutenu jadis notre pays dans toutes les fortunes, et pourraient encore, plus nombreuses, lui ménager
l'avenir.

A deux heures, la Commission reprenait sa course,
et, traversant Lyon, visitait, le lendemain 20, en face la
gare de Tain, le clos fameux de l'Hermitage où elle enre-
gistrait, avec plaisir, un succès du sulfure de carbone appliqué par les moniteurs de la compagnie P. L. M.

Le soir du même jour, M. le marquis de l'Épine, président de la Société d'agriculture de Vaucluse; MM. le
Dr Villars, secrétaire général de la Société; Fabre, secrétaire adjoint; Raoux, bibliothécaire; Coste, le zélé professeur départemental d'agriculture; enfin, M. Faucon,
l'intelligent et heureux initiateur de la submersion, la
recevaient à Avignon. Dans une soirée vite écoulée, elle
obtenait de ces messieurs d'utiles renseignements pour
ses travaux du lendemain. Le 21, en effet, sous la conduite de MM. Coste et le Dr Villars, elle visitait à Monplaisir
les plantations comparatives de vignes françaises et américaines dont le propriétaire, M. Émile Perre, lui fit les
honneurs avec la plus rare obligeance, l'accompagnant à
Sorgues, en pleine garrigue, sur les expériences analogues
tentées par MM. Leenhardt et Villion, qui présentaient en
outre plusieurs essais de greffage. En même temps, une
sous-commission, parcourant les rives de la Durance, exa-

minait les vignes résistantes qui les bordent et celles dites
renaissantes du quartier de la Bousasse. A deux heures,
la Commission réunie assistait, au siége de la Société d'a-
griculture, à une assemblée extraordinaire des plus intéressantes, organisée en son honneur.

  La Société d'agriculture de Vaucluse a toujours tenu,
dans sa région, un rang distingué. La première atteinte, le
plus cruellement frappée, elle n'a cessé de lutter. C'est
chez elle que la submersion a été pour la première fois
pratiquée, que la plantation en terrains sablonneux a été
tentée. Elle a essayé des insecticides et montre, sur les
cépages américains, les études les plus instructives. « Il est
» donc juste, ainsi que l'a proclamé M. Gaston Bazille,
» que Vaucluse soit cité avec distinction ; et qu'ayant tou-
» jours été à la peine et au travail, il soit aussi à l'honneur. »

  La Commission a entendu, avec le plus vif intérêt, les
communications d'hommes aussi compétents que MM. le
marquis de l'Épine, sur l'état de la question en Vaucluse ;
Eugène Raspail, sur les plantations de cépages américains ; de Savornin et Faucon, sur la submersion ; de la Paillonne et Coste, sur les ensablements ; Loubet, président
du Comice agricole de Carpentras. Elle s'est séparée, avec
le plus vif regret, de cette laborieuse et brillante Société
de Vaucluse, dont l'honorable accueil lui laissera le plus
reconnaissant souvenir.

  M. Marion, professeur à la Faculté des sciences, chargé
des expériences du Comité de défense institué, grâce à
l'initiative généreuse et prévoyante de M. Paulin Talabot,
par la Compagnie P. L. M., et M. Mazel, son auxiliaire
dévoué, le savant organisateur des merveilles horticoles
du Roucas-Blanc, attendaient notre Commission en gare de
Marseille et, profitant des dernières heures du jour, la
transportaient au Cap-Pinède.

  La Commission ne pouvait là qu'admirer les belles expériences et leurs résultats complets, dont la parole vive

et l'obligeance inépuisable de M. Marion faisaient toucher tous les détails. Le Cap-Pinède est un laboratoire agrandi. Le sulfure de carbone, manié avec une rigueur toute scientifique, y donne tout ce qu'il peut donner ; et ses preuves de puissance sont admirables ! La reconstitution des vignes, la destruction de l'insecte sont si complètes, que ces messieurs sont obligés, le croirait-on ? de cultiver, pour ainsi dire, dans un carré spécial, les phylloxeras nécessaires à leurs expériences.

Le 22, au lever du soleil, la Commission, guidée par M. E. Mazel, parcourait la splendide création de M. Paulin Talabot, au Roucas-Blanc, et se rendait ensuite au hameau de la Garde, commune de Toulon, où M. Meunier lui ménageait la plus cordiale réception. Des propriétaires voisins, et, parmi eux, M. Peligot, l'un des doyens et des auteurs les plus respectés de la viticulture méridionale, s'étaient joints à la famille, apportant un concours précieux d'observations. Au souvenir agréable laissé par cette journée, se joindra, pour la Commission, l'enseignement consolant de vignes traitées cette fois par le propriétaire en grande culture, conservant encore toutes les traces d'hésitations qui, remplacées bientôt par une confiance réfléchie, ont amené l'application régulière des méthodes et finalement un succès complet, en tout comparable à ce qui avait été constaté au Cap-Pinède.

Le 23, tandis qu'une partie de la Commission, revenue à Marseille, visitait au Galetas, chez M. Renouard — à la Novarre, chez M. Marius Olive — à Saint-Marcel, chez M. Guay, de nouveaux exemples de traitements au sulfure de carbone, d'après les instructions de la compagnie P. L. M., l'autre partie quittait Toulon, pour aller à Chibron, près de Signes (Var), étudier les plantations de cépages américains à l'aide desquels M. Henri Aguillon espère reconstituer son vignoble détruit. Elle recueillait avec grand intérêt tous les renseignements que voulut bien lui donner

ce viticulteur aussi énergique qu'intelligent qui, dans ses
autres propriétés utilise, pour leur défense, le sulfure de
carbone et la submersion.

La réunion se fit à Aubagne, et la Commission, au complet, put monter à Ruyssatel voir, au milieu de vignes détruites, celles de M. Alliés complétement restaurées.

Elle ne pouvait oublier que M. Alliés, après le désastre
de Bordeaux, les insuccès de Montpellier, a sauvé de l'a-
bandon de son illustre auteur lui-même, l'idée de l'application du sulfure de carbone; que les premiers résultats
encourageants obtenus par lui, grâce à sa persévérance,
ont décidé les recherches scientifiques et les nouveaux
essais des Comités de Marseille et de l'association viticole
de Libourne ; que c'est à M. Alliés, par conséquent, qu'est
dû une partie des succès déjà enregistrés et que l'on devra,
dans une certaine mesure, si ceux-ci se confirment, la conservation de nos vignobles.

Le soir même, la Commission arrivait à Arles. Le lendemain 24, de grand matin, elle montait en bateau et des-
cendait à l'Armeillière. M. Espitalier, l'habile promoteur
des ensablements, avait bien voulu la rejoindre, malgré
l'heure matinale, et l'entretenir chemin faisant des cultures
dans les sables et de la submersion qu'il pratique à son
domaine du Mas de Roy. A l'Armeillière, comme dans toute
la Camargue, on rencontre les vestiges d'une prospérité
depuis longtemps disparue. La maison patrimoniale des Sabatier de l'Armeillière, de style Renaissance, est charmante.
Elle a été reconstruite en 1606. En la traversant, on remarque sur sa façade une inscription rappelant sa noble
origine, et l'antique devise : *Pro Rege*, *Pro Fide*, *Pro Pa-
tria*, qui orne encore ses tourelles. Guidée par M. Reich,
l'habile régisseur du domaine, avec cet entrain que nul
obstacle n'arrête, la Commission parcourt les magnifiques
pépinières de vignes américaines et les vignes françaises
conservées par la submersion.

Poursuivant sa route, elle peut encore, grâce à l'obligeance de M. Aguillon, notaire à Aigues-Mortes, visiter les plantations de vignes dans les sables; et, donnant un dernier regard à la belle tour de Constance, aux fortifications antiques si bien conservées de la ville, arriver à Nîmes; là, par les soins de M. Causse, président de la Société d'agriculture du Gard, il lui était donné d'assister à une séance des plus intéressantes de cette importante Société agricole. Le lendemain, 25, accompagnée de M. Desjardins, de M. Boyer, secrétaire, à qui elle doit de nombreux renseignements le plus gracieusement donnés, la Commission se rendait à Campuget, commune de Manduel, chez M. Lugol. Elle avait traversé des plaines couvertes autrefois de riches vignobles et aujourd'hui dénudées. Le domaine de Campuget était déjà détruit lorsque M. Lugol en fit l'acquisition. Cet essai de reconstitution par les cépages exotiques présentait à la Commission un intérêt tout spécial; et elle y a trouvé un des plus importants et plus anciens exemples de plantations américaines. Elle a été heureuse de pouvoir recueillir, de M. Guiraud lui-même, des détails sur les tentatives de traitements au sulfure de carbone poursuivies pendant plusieurs années.

La journée devait se terminer à Montpellier, où, à peine débarquée, la Commission courait aux champs célèbres du Mas las Sorres. M. L. Vialla l'accompagnait. M. Henri Marès, président de la commission départementale de l'Hérault, l'y attendait, et l'initia rapidement aux expériences de culture et d'insecticides dirigées d'une façon si remarquable, et confiées aux soins intelligents et dévoués de MM. Durand et Jeannenot, professeurs à l'école nationale d'agriculture.

Avant la chute du jour, quelques instants restaient encore, qu'une sous-commission mit bien vite à profit pour aller visiter les cultures de M. E. Planchon, à son

domaine de Lichtenstein. Elle avait à cœur de porter ses
hommages à notre savant collègue, à l'homme dont
la science incontestée se fait avenante pour tous ; dont
la supériorité acceptée eût pu souvent s'imposer, tandis
qu'elle s'effaçait volontairement dans nos études communes,
donnant ainsi l'exemple fort apprécié de cette absence de
parti pris en présence des faits, qui est un des signes certains de la probité scientifique la plus délicate.

La journée du 26 devait être fort occupée. Elle commençait par une course au Viviers, chez M. le sénateur Pagézy,
dont les greffages d'aramon sur plants américains jouis-
saient d'un grand renom de beauté.

Venait ensuite la visite si intéressante et malheureusement si courte, à l'école nationale d'agriculture de la
Gaillarde, où les vignes et les vins américains sont l'objet
d'études spéciales. La Commission ne pouvait que remarquer
l'ère de prospérité, de plus en plus accentuée, où cette
école est entrée, grâce à l'habile impulsion de son sympathique directeur, M. Camille Saintpierre, puissamment
secondée par un corps de professeurs jeunes et distingués.

A deux heures, le conseil général ayant bien voulu, pour
ce jour, suspendre ses séances, la Commission put assister
à une assemblée générale de la Société d'agriculture de
l'Hérault, présidée par M. le préfet. Les travaux si nombreux et importants de cette société sont trop connus
pour qu'il y ait à les rappeler ici. La séance fut bien
remplie par un discours fort soigné et substantiel de M. L.
Vialla, sur l'adaptation des cépages américains aux différents sols ; des communications de MM. Douysset, Sabatier
et Allien sur les vignes exotiques et les greffages ; de
MM. Cauvy et Maistre sur les insecticides ; elle fut close
enfin par une vive et énergique allocution de M. H. Marès,
secrétaire perpétuel.

Aussitôt après, la Commission se rendit à Saint-Sauveur,
ce beau domaine de M. Gaston Bazille, longtemps défendu

par les fumures; protégé maintenant, après des pertes
sensibles, par une submersion efficace qui lui assure de
splendides récoltes au milieu de vignobles détruits.

Elle fut heureuse de posséder là, quelques instants,
M. Halna du Fretay, l'inspecteur général justement estimé
dans la région confiée à ses soins éclairés, qui a représenté
la France avec tant d'autorité et de distinction dans les
réunions internationales auxquelles la question du phylloxera a donné lieu.

Là aussi se sont trouvés, à la satisfaction générale,
MM. Du Peyrat, inspecteur général adjoint, et le sympathique directeur de Grignon.

Mais à la fin de cette journée si bien remplie, la Commission touchait au terme d'une séparation pénible.
M. Gaston Bazille, retenu à Montpellier par des devoirs
impérieux, prenait congé de ses collègues dans une cordiale réception, leur laissant les regrets de le perdre avant
l'heure, après avoir apprécié les séductions de son esprit
et le charme de relations que des convictions très-arrêtées
et, par-là même, un peu exclusives peut-être, n'avaient
jamais altéré.

Le lendemain 27, la Commission retrouvait à Launac
M. H. Marès sur le théâtre de ses luttes; elle visitait cette
belle collection de plus de 900 variétés de vignes, les
plantations américaines et ces hectares, défendus jusqu'ici
de la ruine, à l'aide de fumures, de sulfo-carbonates, de
sulfures appliquées scientifiquement. Grâce à eux, Launac
forme encore un oasis de verdure au milieu de vignobles
mourants ou disparus. Champion des anciens cépages au
fort des vignes américaines; des insecticides, quand un si
grand nombre d'eux a reçu de lui, au Mas de las Sorres,
son certificat d'impuissance, M. H. Marès est une de
ces figures attachantes, dont la puissante originalité ne
se laisse point oublier. La Commission s'en sépare à regret,
faisant les vœux les plus vifs pour qu'un succès éclatant

vienne biéntôt couronner de si louables et énergiques efforts.

Une sous-commission se rendit l'après-midi à Vias, étudier les applications de sulfure de carbone faites, d'après les instructions de la compagnie P. L. M. par M. Duffour, président du Comice agricole de Béziers. En face de ces belles expériences privées désormais de l'intelligence directrice qui les avait créées, elle mêla ses regrets à ceux qui ont suivi M. Duffour, malheureusement enlevé, par une mort imprévue, à ses utiles travaux.

Une seconde sous-commission visitait, dans le même temps, les tentatives faites par M. Maistre, à Villeneuvette, à l'aide de sulfo-carbonates et d'irrigations.

Le soir, à Béziers, la Commission avait la bonne fortune de recevoir, de MM. les présidents et vice-présidents du Comice, les renseignements les plus circonstanciés sur l'état de la question phylloxérique dans la contrée. Ces renseignements ont été complétés par une note très-détaillée que M. E. Giret voulut bien nous remettre, et dont nous le remercions ici d'une façon toute spéciale.

Le 28, la Commission se transportait à Baboulet, commune de Capestang. Elle y trouvait M. Jossan, homme d'initiative, qui traite à l'aide du sulfure de carbone, d'après les instructions de la compagnie P. L. M., non-seulement ses propres vignes atteintes, mais encore des vignes voisines, dans un but de préservation. Ses observations sont recueillies avec une rare précision et méritent d'être citées. Il était accompagné de propriétaires de la contrée, parmi lesquels MM. Gaudion, Mestre de Salettes et Guibert, propriétaire à Marseilhau.

A quelques pas de là, la Commission pouvait goûter un peu de repos dans ce beau domaine de la Provenquières, où son vice-président, M. Teissonnière, la recevait avec cette affabilité simple, cette bonté charmante dont il a le secret et qui laisse au cœur de ses collègues le plus sympathique et reconnaissant souvenir.

Emportée par un train rapide, la Commission arrivait le lendemain 29, à Bordeaux, qu'elle ne faisait que traverser pour se rendre à Libourne. Quelques-uns de ses membres purent cependant aller au château de La Tourate visiter M. Laliman, le viticulteur passionné qui, le premier, osant conseiller la culture des vignes américaines, ait indiqué leur résistance.

Une sous-commission fut envoyée à Ludon examiner les vignes de M. de George et celles de M. de La Vergne, soumises au traitement des sulfo-carbonates de potasse; tandis que la Commission elle-même parcourait la commune de Saint-Emilion, qui lui offrait des exemples intéressants de traitements au sulfure de carbone, de plantations dans les sables et de cultures américaines.

Le soir, tout le monde se retrouvait heureusement au château de Meynard, chez M. Albert Piola, qui avait bien voulu fixer lui-même, à ses collègues, ce rendez-vous. M. l'inspecteur général de l'agriculture, Lembezat, venait se joindre à la Commission pour ses dernières courses et lui apportait un concours précieux. Les présidents cantonaux des principaux centres d'expérience de la célèbre association viticole de Libourne avaient bien voulu répondre à l'appel de leur président, et étaient venus donner à la Commission les renseignements les plus précis qu'elle put désirer, tant sur ce qu'elle avait à voir le lendemain, que sur les résultats nombreux et importants qu'il lui serait impossible d'aller constater.

On sait avec quelle intelligence de la situation et quelle énergie l'association viticole de Libourne s'est spontanément constituée et mise à l'œuvre, aux premières atteintes du fléau. Le succès devait récompenser de si louables efforts. Ses observateurs, — pour ne citer que M. Boiteau, devenu célèbre par ses belles recherches entomologiques, — ses observateurs, disons-nous, amenaient bientôt des découvertes importantes; ses expériences, simultanément répé-

2

tées dans huit cantons d'après un programme identique,
arrêté d'avance et scientifiquement étudié, confiées, pour
l'application, à des hommes d'une exactitude et d'une intelligence éprouvées, MM. Giraud, Damaniou, Baillou,
Vergniol et Boiteau, permettaient enfin d'arrêter une
méthode d'une pratique facile et sûre, dont la contrée peut,
dès maintenant, montrer les plus beaux résultats.

Ce qui distingue, surtout, les travaux de l'association
viticole de Libourne, c'est la façon essentiellement pratique
dont ils sont entendus, et le soin minutieux avec lequel
les moindres circonstances d'application sont définies. Leur
influence est sans doute considérable dans le pays : nous
souhaitons qu'elle grandisse encore et s'étende rapidement
à d'autres contrées.

En d'autres lieux, des modifications peuvent devenir
nécessaires ; mais la marche à suivre pour les déterminer
sûrement est toute tracée, l'exemple est là présent. Si donc
Dieu permet que la lutte, jusqu'ici malheureuse ou in-
certaine, se décide en notre faveur, l'association viticole
de Libourne aura une large part dans un succès si ardemment souhaité, et ce sera l'honneur de ses premiers collaborateurs d'y avoir contribué.

Est-il besoin de redire quelle influence déterminante le
zèle dévoué de M. E. Fallières, l'actif et savant secrétaire
général de M. Albert Piola, président, a pu avoir sur la
marche si remarquable de l'association ?

Pour lui, M. Piola n'a voulu laisser dans l'arsenal des
moyens de défense contre le phylloxera aucune arme inoc-
cupée : submersion et sulfure, plantation dans les sables et
vignes américaines, fumures combinées, il a de tout et
d'intelligents essais. Les quelques heures passées chez lui
resteront comme des meilleures qui se soient écoulées pour
la Commission, dont les plus vives sympathies lui demeurent acquises ; et nous le prions d'en vouloir bien reporter
à qui nous le devons l'hommage respectueux et discret.

Le 30, la Commission parcourait le domaine de Trotanoy, commune de Pommerols, appartenant à MM. Giraud frères. Le sulfure de carbone y a été appliqué sur une grande surface, d'après les principes de l'association viticole ; et M. Giraud, accompagnant la Commission, lui a donné les renseignements les plus précis sur toutes les phases de la maladie. A côté de vignes abandonnées par leurs propriétaires et servant de témoins, la Commission a pu en examiner à tous les états de traitement. Sur toutes, elle a eu le plaisir de constater l'heureuse influence des applications de sulfure, et pour certaines la restauration complète.

Dans l'après-midi, une sous-commission allait au Palus de Condat, chez M. de Séguins, vérifier les bons effets d'une submersion bien entendue, pendant qu'une autre parcourait les environs de Libourne. Le soir venu, la Commission partait pour Cognac.

Le 31, sa première visite était pour la vigne Thibaut et les fameux plants américains de M. Férand, causes premières, dit-on, de l'invasion phylloxérique à Cognac.

Elle se rendait ensuite à Chanteloup où M. Martel montra lui-même la vigne qui servit de champ d'expérience pour les sulfo-carbonates alcalins. M. Mouillefert, l'ancien délégué de l'Académie et chef de la station de Cognac, le savant professeur de Grignon, membre de la Commission, donnait tous les renseignements désirables. Ses belles études sur le phylloxera et les insecticides sont consignées dans de nombreuses communications à l'Académie ; il s'est fait le champion des sulfo-carbonates, les a étudiés d'une manière spéciale dans leur action et dans le manuel opératoire qui leur convient. Avec des qualités réelles, s'ils arrivent jamais à une pratique générale, c'est aux consciencieux et persévérants travaux de M. Mouillefert que ce résultat sera dû.

La Commission visitait en dernier lieu, à Vitis-Parc, chez M. Moullon, les restes d'un vignoble détruit, et conservé

dans un bel état de végétation à l'aide du sulfure de carbone et des sulfo-carbonates.

M. Martel, que des raisons de santé avaient empêché de
suivre la Commission dont il était membre, lui avait mé-
nagé une rencontre avec la Société de défense contre le
phylloxera dans les Charentes.

La Commission reçut là, de MM. Martel, Hennessy,
Moullon, Robin et Dr Menudier des données précises et fort
affligeantes sur l'état des vignobles charentais. Les expériences de M. Moullon, celles du Dr Menudier laissent
cependant quelque espoir d'échapper à une crise qui, en se
prolongeant, serait mortelle pour l'industrie sans égale de
nos eaux-de-vie de Cognac.

L'heure de la séparation allait sonner. La Commission
tint donc une dernière séance générale, pour interroger
ses impressions et en dégager l'enseignement pratique. Elle
y arrêta, après discussion, les termes de conclusions qui
furent votées à l'unanimité, remises au rapporteur, et qui
se trouveront fidèlement reproduites à la fin de ce travail.

Arrivée au terme de la mission qu'elle avait acceptée, la
Commission internationale de viticulture peut se rendre le
témoignage qu'elle n'a rien négligé pour la remplir digne-
ment. Elle n'a reculé devant aucune fatigue. La prépara-
tion, toujours opportune, des moyens de transport, et l'exactitude dans les déplacements, obtenues grâce à l'entrain
cordial et aux aptitudes spéciales de l'un de ses membres,
M. de Lamolère, inspecteur délégué de la compagnie
P. L. M., économisèrent à la Commission beaucoup de
peines et lui permirent d'accomplir son voyage dans un
espace de temps relativement restreint.

Bien que fort éprouvée par cette course sans trêve à
une époque de chaleurs et de sécheresses si grandes, la
Commission s'est toujours trouvée sur le terrain en très-
grande majorité, et ceux-là seuls, que des devoirs publics

irrémissibles ou la maladie contraignaient, ont cessé de prendre part à ses travaux.

Parmi ceux-ci, la Commission a eu le regret de perdre, à Montpellier, deux de ses membres étrangers, M. le Dr Fatio et M. le chevalier Lawley, sans pouvoir leur faire ses adieux et leur offrir ses souhaits de bon retour.

Dix-neuf de ses membres l'ont suivie jusqu'à la dernière heure. Ils se sont séparés, emportant l'agréable souvenir d'une vie et de recherches communes, qui n'ont cessé d'être animées par la plus sincère et inaltérable cordialité.

L'impression de tristesse produite par les désastres lamentables que la Commission a eu à constater s'est trouvée adoucie par un espoir fondé, ne laissant aucune place au découragement, de voir, dans un avenir prochain, se perfectionner et s'étendre les moyens de travailler à la conservation des vignobles existants; à la reconstitution de ceux que le fléau a déjà touchés ou détruits.

La Commission n'aura point fait une œuvre vaine, si ce qui s'est passé dans son sein, par le fait d'une étude attentive, se généralise au dehors; si les partisans convaincus de tel ou tel système de défense, abandonnant toute prétention dictée par une émulation mal entendue à un succès unique et dominateur, reconnaissent au contraire que, soldats d'une même armée, ils se doivent un mutuel et constant appui, dût la victoire, par eux préparée, tomber aux mains de recrues nouvelles qui, mieux armées, rendraient celle-ci définitive et complète.

Devant rendre compte de sa mission, j'ai voulu, dans les lignes qui précèdent, indiquer à quelles sources elle est allée étudier les faits et puiser les renseignements qui se grouperont dans le rapport. Elle s'est adressée, dans chaque pays, pour tout ce qu'elle ne pouvait juger elle-même, aux Sociétés d'agriculture, aux hommes les plus autorisés. Elle a reçu de tous l'accueil le plus empressé. Je serai son fidèle interprète en remerciant ici tous ceux qui, avec tant

d'abnégation et de spontanéité, ont bien voulu lui venir
en aide.

Il me reste encore un devoir que je suis bien heureux
de remplir ; c'est de remercier, au nom de la partie française, nos collègues étrangers, de l'intérèt si bienveillant
avec lequel ils ont suivi nos travaux ; des relations si
agréables et si sûres qu'ils n'ont cessé d'entretenir avec
nous ; des sentiments de chaleureuse sympathie dont, à
diverses reprises, ils ont témoigné pour notre patrie.
Que MM. de Aguiar, le Dr Fatio, Séb. Garcia, le chevalier Lawley, Schlumberger, veuillent bien recevoir ici
l'expression de notre affectueuse reconnaissance.

Nous devons beaucoup à leurs lumières ; puissent-ils
emporter de leur voyage un bon souvenir pour nous, un
résultat utile pour leur pays (1)!

(1) Nous devons à ce titre un témoignage tout spécial à M. de Aguiar,
vice-président de l'Académie des sciences de Li-bonne. Élève de nos grandes
écoles, la France, qu'il appelle sa seconde patrie, peut en être fière comme
de l'un de ses enfants, heureuse, d'avoir contribué au développement d'une
intelligence aussi riche que distinguée, d'un cœur aussi chaleureux que
reconnaissant.

PREMIÈRE PARTIE

CONSIDÉRATIONS GÉNÉRALES SUR LA MALADIE

SA CAUSE, SES DÉVELOPPEMENTS.

La question du phylloxera est tellement complexe, que bien des points restent encore obscurs et sollicitent de nouvelles recherches.

Recherches entomologiques si importantes au point de vue de la défense des vignes, des réinvasions annuelles dont elles sont l'objet, des moyens de propagation de l'insecte, des habitats qu'il se choisit suivant son état, les contrées, les saisons; recherches scientifiques pour l'analyse des effets, quelquefois contradictoires, de certains toxiques sur l'insecte, sur la végétation, suivant les sols et les époques d'application; recherches, enfin, de nouveaux procédés de défense, ce sont là œuvres de savants.

La Commission, fidèle à sa mission, devait se renfermer dans la simple constatation des faits, pour en déduire les résultats pratiques; elle devait se détourner d'études pour lesquelles de longues et patientes observations sont nécessaires, que tant d'hommes distingués ont, d'ailleurs, commencées, poursuivent avec ardeur et sauront, sans aucun doute, mener à bien.

A toute cette élite habituée aux spéculations d'un ordre plus élevé, ce rapport n'est donc point destiné.

A ceux qui luttent depuis des années dans les contrées mortellement atteintes ou déjà dévastées, il n'apprendra peut-être rien non plus, qu'ils ne sachent eux-mêmes sûrement, pour l'avoir pratiqué de main d'ouvrier. Nous espérons cependant qu'ils trouveront quelque intérêt à connaître la conviction faite dans l'esprit d'hommes impartiaux, et, pour la plupart, d'une compétence incontestable, après une étude comparative de faits consciencieusement constatés en divers lieux. Que cette connaissance vienne confirmer les résultats acquis, ou excite à de nouvelles tentatives, elle aura eu quelque utilité pour ceux qui l'auront reçue. C'est pour la donner, et à ce titre seul, que le présent rapport leur est offert.

Mais il est encore une classe nombreuse, cultivant les 1,800,000 hectares de vignes qui nous restent indemnes, ou à peine touchées, et qu'avant tout il importe de sauver. C'est à elle surtout que ce rapport s'adresse. Puisse-t-elle y trouver des armes efficaces et les moyens de s'en servir sûrement, sans hésitations fatales, pour empêcher où repousser l'invasion !

En faveur de ce but si important, mais si difficile à atteindre, on voudra bien pardonner au rapporteur, habitant d'une contrée jusqu'ici préservée, de revenir, par quelques affirmations sommaires, sur certains faits fondamentaux tellement connus et prouvés, qu'il pourrait sembler superflu d'en parler ici, quand la Commission n'a pas eu à s'en occuper.

Mais qui ne sait qu'un des traits caractéristiques de l'invasion phylloxérique consiste précisément dans ce cortége d'incrédulité et d'illusions qui la précède? Jamais, l'antique proverbe, *quos vult perdere Jupiter dementat* n'a reçu une plus frappante application. L'on succombe au mal que l'on commence à peine à y croire ; et le souffle implacable

de la réalité vient trop tard, bien souvent, dissiper la
fumée d'illusions décevantes. L'expérience des uns, si chèrement achetée, ne profite pas à distance ; et malgré des
exemples prochains, l'on espère toujours échapper à de si
cruelles étreintes. A côté de ceux qui nient simplement,
d'autres s'endorment inactifs, tenant placidement en
réserve, un insecte, une plante, un artifice de culture, une
drogue d'eux seuls connue qui, au dernier moment, utilisée
par eux, maîtrisera facilement le fléau.

Ce n'est pas l'exception que cet état déplorable d'opinion que nous signalons ! Si les traits changent avec les
contrées, l'illusion dangereuse reste le caractère dominant
pour la plus grande partie des vignobles qui ont peu ou
point souffert, et elle tire son origine des erreurs qui
s'accréditent encore journellement sur les points les plus
importants de la question.

A ces erreurs sans cesse renaissantes, il faut opposer les
affirmations répétées de la vérité ; et n'appartenait-il pas à
la Commission internationale de le faire avec tout le poids
dû à sa parole ?

Des conclusions n'avaient point été dictées par elle dans
ce sens ; et l'on pouvait craindre que son rapporteur n'af-
faiblît la valeur de ses opinions en les traduisant. Il a
confiance d'avoir évité cet écueil, en prenant pour texte les
déclarations mêmes du congrès international de Lausanne,
puisées dans le rapport si remarquable à tous égards, de
M. le Dr Fatio, dont le nom seul vaudrait ici toutes les
garanties.

Nous dirons donc avec le congrès de Lausanne :

« Que ce n'est point à un épuisement des vignobles qu'il
» faut attribuer l'apparition du phylloxera vastatrix ; que
» les vignes saines et fortes succombent aussi bien que les
» vignes pauvres et chétives, et que le parasite, cause
» incontestable de la maladie actuelle, a été évidemment

» importé par le commerce de l'Amérique sur le continent
» européen.

» Il semble hors de doute que la maladie est d'autant
» plus grave et se répand d'autant plus vite dans une
» région que la belle saison, ou la phase d'activité du
» parasite, y est plus longue ou plus favorable à l'insecte.

» Que si certaines conditions atmosphériques d'une lo-
» calité; si certaines conditions de terrain et de culture
» peuvent retarder, jusqu'à un certain point, la diffusion
» du parasite et ralentir ainsi plus ou moins les progrès
» de la maladie, » aucune de ces conditions, si l'on n'excepte la plantation dans les sables, « aucune de ces condi-
» tions ne peut enlever à celui-ci la faculté de se propager
» d'une manière dangereuse. »

Cette propagation peut se faire, soit par les voies naturelles, soit par les moyens artificiels.

Par les voies naturelles, sous la forme ailée, comme
sous la forme aptère ou radicicole, livré à ses propres forces,
le phylloxera ne peut gagner autour de ses foyers un rayon
étendu; « mais dans l'un et l'autre cas, l'aide des vents
» peut le transporter à de grandes distances; et c'est une
» des causes fréquentes de nouvelle invasion. »

» Il est incontestable que le fléau se répand beaucoup
» plus vite et plus loin par les moyens artificiels que par les
» émigrations naturelles de l'insecte; et il y a bien des ré-
» gions viticoles isolées qui auraient peut-être échappé
» au parasite, si le commerce ne s'était chargé de leur ap-
» porter les germes de la maladie. »

Cet apport peut s'effectuer sous mille formes. Au même
titre que les plants exotiques, tout plant venant de pays
phylloxerés doit être suspect.

Le travail, lui-même, devient très-souvent un instrument d'infection.

Les belles observations de M. Millot ne peuvent guère
laisser de doutes à cet égard. M. Millot a en effet démontré

que l'année dernière, à Mancey, l'attaque, qui s'était fort étendue, tout en gagnant des parcelles très-éloignées les unes des autres, séparées par des bois élevés ou des rochers formant obstacle à toute propagation naturelle, même par les ailés, n'avait frappé aucun nouveau propriétaire. Un seul faisait exception ; mais sa vigne, fort distante de tout autre foyer, avait reçu les fumiers d'auberge, sur lesquels avaient été jetés les balayures et nettoyages d'outils, de chariots, de chevaux, employés dans les vignes phylloxérées au transport de l'eau nécessaire à l'emploi des sulfocarbonates.

Le Congrès a donc déclaré :

« Qu'il faut exercer, à temps et toujours, une sérieuse » surveillance sur tous les produits de l'importation, quels » qu'ils soient.

» Qu'à l'exception du vin, du marc et des pepins, les » divers produits de la vigne pouvaient favoriser la diffu-» sion de la maladie, et il a soumis à la même condamna-» tion les échalas ou tuteurs, les composts et le sol même, » provenant de vignes contaminées. »

Enfin, on ne saurait le répéter trop haut, en face de certains optimistes endurcis dont l'apathie et la confiante insouciance sont un des plus puissants auxiliaires du phylloxera :

On ne connaît, jusqu'à ce jour, aucune cause naturelle qui puisse s'opposer efficacement à la propagation de l'insecte ou paralyser longtemps ses effets désastreux.

Mais la maladie ne peut-elle perdre d'elle-même de sa force avec le temps ?

Non, répond le Congrès, rien ne permet de l'espérer.

Et M. Fatio, l'éminent rapporteur, ajoute : « On a com-» paré le fléau du phylloxera à des maladies résultant de » parasites végétaux et qui d'elles-mêmes ont paru céder » à des modifications naturelles des conditions de milieu. » On a mis en avant aussi des maladies dues, sur différents

» végétaux, à certains insectes qui, après des phases de
» grande acuité, avaient beaucoup perdu de leur impor-
» tance.

» La profondeur à laquelle ce terrible parasite peut vivre
» et se reproduire et, par là, l'aisance avec laquelle il peut
» échapper à bien des influences délétères, climatériques ou
» atmosphériques, l'indifférence pour lui d'un grand nombre
» d'agents mortels pour d'autres, la ténacité à la vie qu'il pos-
» sède à un haut degré sous ses diverses formes, les facilités
» qu'accorde la parthénogénèse à son étonnante multiplica-
» tion, la variété des mille moyens mis à sa portée pour trou-
» ver toujours une suffisante nourriture, la souplesse, enfin,
» avec laquelle il peut se plier à toutes les circonstances,
» pour faire face à toutes les exigences de milieu et parer
» tous les coups, sont autant de tristes considérations qui
» rendent difficile de soutenir la comparaison de la maladie
» occasionnée par le phylloxera avec tant d'autres causes
» de mortalité du règne végétal plus facilement attaqua-
» bles ou influençables.

» Aussi longtemps qu'il y aura un phylloxera pour sucer
» et de la vigne pour succomber, la maladie, bien qu'avec
» des hauts et des bas peut-être, suivant les conditions et
» les circonstances, n'aura pas de raison de cesser, dans
» les localités qui permettent à l'insecte d'accomplir tout
» le cycle de ses métamorphoses. »

Or, jusqu'ici, nous le savons, la maladie a toujours eu
une issue fatale.

Vignes renaissantes. — Malgré cela on a parlé, et
on parle encore beaucoup de vignobles qui, en divers lieux
renaîtraient d'eux-mêmes après avoir été abandonnés pour
morts.

A cette question : Y a-t-il vraiment des vignobles phylloxérés qui, sans traitement, ont repris d'eux-mêmes la vie
et la santé ? le Congrès a répondu : « La vie, dans une
» certaine proportion, quelquefois ; la santé, jamais. »

C'est dans la vallée du Rhône et dans la Gironde, que les principaux cas de vignes renaissantes ont été observés.

La Commission a pu en étudier plusieurs.

La première observation a porté sur une vigne des hospices, au quartier de la Bousace, à Avignon.

Cette vigne est gérée par M. Ferdinand. Le terrain est peu sablonneux ; c'est une terre forte, argileuse, se fendillant en été. Il est profond, à sous-sol très-humide, puisque l'eau se trouve à 0m,60 de profondeur, et que, dans les fossés, des sources abondantes et nombreuses jaillissent à ce niveau, le sol étant d'ailleurs horizontal.

Trois parcelles composent cette vigne :

La parcelle A, est aujourd'hui âgée de 18 ans.

    — B,   —   — de 4 ans.

    — C,   —   — de 3 ans.

Dans les parcelles B et C, les pieds de vigne ont 1m,25 d'écartement en tous sens ; A, au contraire, est plantée sur deux lignes isolées. Les pièces A et C sont parallèles, et elles aboutissent à la pièce B qui les réunit.

La majeure partie est complantée en Grenache, Mourvèdre et Clairette. La culture se fait à la main et la taille à deux yeux sur trois ou quatre coursons, suivant la force du cep. Pour le travail, comme pour la fumure, les usages ordinaires sont suivis.

D'après les renseignements fournis sur les lieux par M. Raoux et consignés déjà dans un très-intéressant rapport, la vigne A, fort belle en 1870, cessa subitement de produire et sarments et raisins. En 1872-73-74, les pousses n'avaient que 0m,15 à 0m,20. En 1875, les sarments se sont allongés sans montrer de raisins. La récolte de 1876 a été passable et celle de 1877 a égalé et peut-être surpassé les récoltes de pleine santé de 1870 !... Celle de cette année est belle.

Voilà le cas de renaissance.

Mais l'attaque par le phylloxera n'a pas été prouvée !

Dans la période de maladie, la vigne n'a pas été fouillée !
Or, le vigneron consulté, se souvient très-bien avoir vu,
à plusieurs années d'intervalle, sa vigne plusieurs fois malade, dans les mêmes conditions ! Les constatations, faites
en 1877, ont démontré l'absence complète des radicelles
supérieures, dont on ne trouvait que quelques restes pour-
ris ; par conséquent pas de phylloxeras.

Ceux-ci occupaient cependant, à cette date, la parcelle B,
jusque-là fort belle, et dont les sarments ne mesuraient
plus que 0m,60.

Une fouille a été faite sous les yeux de la Commission
et a montré des phylloxeras en grand nombre, même sur les
racines les plus profondes. L'attaque est ici foudroyante ;
elle s'étend normalement dans la parcelle C ; et A possède
un point d'attaque à son extrémité. D'ici un an, probablement, ces vignes auront disparu.

Peut-on annoncer ici la renaissance sans traitement ?
La Commission ne le pense pas. Pour elle, la vigne A a
subi, en 1870, une nouvelle atteinte du Pourridié ou Blan-
quette, et elle s'en est refaite comme précédemment. Aujour-
d'hui, elle est certainement en présence du phylloxera, mais
elle semble succomber tout à fait.

Au bord de la Durance, les vignes visitées par la Commission se présentent dans des conditions bien différentes.

Il y a cinq ou six ans, nous dit M. Raoux, parlant au
nom d'une Commission agricole dans le rapport présenté
à la Société d'agriculture de Vaucluse, il y a cinq ou six
ans, tout le vignoble, sur une longueur de 12 kilomètres
et une largeur moyenne de 300 mètres, avait été tellement phylloxéré que la plupart des propriétaires arrachèrent
leurs vignes. Mal leur en prit ; car les moins pressés, qui
n'ont pas arraché, ont actuellement des plantations qui
leur donnent d'abondantes récoltes, quand le froid et la
grêle ne s'en mêlent point.

Or, si l'on étudie la manière d'être de ces vignes, on

remarque bien vite qu'elles enfoncent quelquefois à plus de 2 mètres leurs racines qui, à ce niveau, s'épanouissent dans un sous-sol toujours très-humide.

Ces terrains sont formés, d'alluvions récentes, le sable y domine beaucoup, et, parfois même, semble pur. M. Culleron en a donné l'analyse suivante :

Eau.	1.50
Sable siliceux	42. »
— calcaire et calc.	47. »
Argile.	1. »
Matière noire du sol .	3.60
Azote du sol	1.415

Les eaux de la rivière, à l'étiage, sont d'environ 3 mètres en contre-bas du sol ; mais, si l'on en juge par certaines chambres d'emprunt, l'humidité remonte beaucoup plus haut.

Presque tous les plantiers qui, dans ces conditions, remplacent les vignes arrachées, partent très-bien d'abord ; mais, arrivés à leur 4e ou 5e feuille, ils sont envahis et leur végétation fléchit pour reprendre souvent une ou deux années plus tard. Ceux qui souffrent le plus sont ceux qui se trouvent établis dans les terrains plus argileux, formés par le limon de la rivière.

Dans la Gironde, des cas semblables ont pu être observés. M. le marquis de Virieu, membre de la Commission, en a constaté un chez M. le comte de St-Angel, à Montbreton, commune de Pressac, près Libourne. Une vigne, plantée dans un sol profond et fertile, à peu près ruinée par le phylloxera, a repris peu à peu sa vigueur ordinaire et est, cette année, en bel état de végétation.

Ces exemples sont fréquents dans Vaucluse et y ont été étudiés d'une façon toute spéciale.

Partout, dit M. Raoux, où les vignes, anéanties par le phylloxera, sont revenues à la vie au point de reprendre

tout ou une partie de leur première végétation, ces vignes
ont leurs anciennes racines supérieures pourries; elles ne
vivent plus que par leurs racines de fond; celles-ci plongent
et se développent dans un sous-sol rendu humide par des
eaux potables, coulant à peu de profondeur au-dessous de
ce sous-sol.

De l'observation de ces faits, M. Raoux a même cru pouvoir tirer une théorie ainsi formulée: Pendant l'invasion
du pylloxera, il y aurait lieu de détruire les radicelles et
les racines supérieures: de planter profondément et forcer
ainsi la vigne à ne vivre qu'avec le secours des racines principales et pivotantes.

Une idée analogue s'est fait jour à Bordeaux; et, dans
Vaucluse, la destruction des racines superficielles a déjà été
opérée avec la prétention d'obtenir des vignes plus résistantes à la sécheresse.

Quoi qu'il en soit, d'après les renseignements recueillis
par notre sous-commission, il résulte que cette renaissance
de vignes date surtout des inondations du Rhône et de la
Durance en 1873; que ces inondations se renouvellent en
moyenne tous les cinq ans, opérant une sorte de submersion, incomplète il est vrai; que plusieurs fois l'an, les
crues de la Durance — séparée seulement par une digue
des vignes en question — amènent l'eau par filtration souterraine au niveau des racines et, même sur certains point
des radicelles.

Si, à ces conditions exceptionnelles, on ajoute ces considérations, que de nombreuses souches mortes se comptent
à côté de vignes portant encore une belle récolte; que le
vignoble, dans son ensemble, se montre avec une teinte
jaune révélant des souffrances dues à la présence de l'insecte; si, enfin, l'on veut bien ne pas oublier que la contrée
qui fournit en plus grand nombre ces exemples heureux
possédait, au moment de l'invasion, 32.000 hectares de
vignes, dont 30.500 sont aujourd'hui détruits, on pourra

se faire une juste idée du crédit qui est dû à ce fait trop vanté des vignes renaissantes et de l'espoir que l'on en peut tirer.

L'affirmation du Congrès de Lausanne reste donc vraie : « Ces cas », qui sembleraient l'infirmer, « sont purement » exceptionnels et dus à des circonstances et à des condi- » tions tout à fait particulières. »

Ces vignes portent toujours le phylloxera ; et il serait plus juste de les dire *résistantes*, si cette appellation nou- velle ne devait point réveiller une autre erreur en leur fai- sant attribuer en propre un état qu'elles ne doivent qu'à leur situation.

Une expérience, malheureusement trop certaine, a dé- montré qu'aucune vigne européenne, descendante du *Vitis rinifera*, ne résiste pas à l'insecte. Ces témoins isolés, qui se dressent encore vigoureux sur l'emplacement de vignes détruites, tels que ceux que la Commission a vus à Tain, au clos de l'Ermitage, rappellent bien le souvenir des richesses disparues et affirment le passage du fléau ; ils ne sauraient prouver la résistance d'espèces dont, partout ailleurs, les représentants succombent.

Les lambrusques ou vignes sauvages de nos contrées, exemptes, pour sûr, de cette dégénérescence que l'on attri- bue volontiers à nos vignes cultivées, ne se défendent pas mieux. La Commission a pu voir, à l'Armeillère, chez M. Reich, des lambrusques phylloxérées mortes ou rachiti- ques, lorsque en face, les pieds dans l'eau et profitant de la submersion des plantiers voisins, c'est-à-dire bien défendues, elles végètent vigoureusement.

Les semis, proposés par certaine école comme moyen de régénération, n'ont pas eu jusqu'ici de meilleur résultat.

Sans aucun doute, la défense de nos vignes indigènes aux attaques du phylloxera, sera plus ou moins longue sui- vant les espèces, et, pour chacune d'elles, suivant les terrains. La Colombo, la grosse Pascarille blanche meurent, en géné-

3

ral, les dernières ; les Pinots, Aramons et Clairettes les précèdent ; tandis que les Terret, les Morrastels, les Carrignanes, les Espars disparaissent le plus souvent les premières ;
mais toutes, enfin, non secourues, succombent aux piqûres
de l'insecte.

Or, toutes, placées dans les conditions spéciales des
vignes renaissantes, résistent également ; dans ces conditions mêmes se trouvent donc assurément les circonstances
préservatrices.

Ensablements. — Il importerait de bien connaître ces
circonstances ; malheureusement, plus d'une nous échappe
encore ; l'humidité des couches profondes en est une constante ; la présence dans ou sur le sol de poussières ténues
en est une autre.

M. de la Paillonne a, le premier, signalé l'obstacle mis
à la propagation du phylloxera par les sables, et il a aussitôt préconisé l'ensablement des vignes comme un moyen
efficace de combattre l'ennemi.

Il est en effet reconnu, dit la commission de Vaucluse,
que, sur tous les points du département, les vignes ont
succombé dans les terres argileuses et compactes, et que
c'est seulement dans celles contenant une proportion plus
ou moins forte de sable, que les jeunes vignes replantées
jouissent d'une immunité ou d'un degré de résistance qui
se prolonge en raison directe de cette proportion.

La Commission a vu, au Cap-Pinède, à Marseille, une
expérience qui démontre d'une manière irréfutable l'action du sable sur le phylloxera.

Dans une fosse de $0^m,80$ de profondeur, remplie de sable
rapporté d'Aigues-Mortes, MM. Marion et Mazel ont placé,
fin d'avril dernier, des plants de deux ans dont les racines
étaient couvertes de phylloxeras. Aucune fumure n'a été
appliquée. Des arrosages seuls, nécessités par la sécheresse
exceptionnelle qui désole Marseille depuis dix-huit mois,
sont venus aider la végétation. Celle-ci est fort belle. Un

mois après la plantation on ne trouvait plus, paraît-il, un
seul insecte. Des ceps arrachés devant nous ont bien montré des traces d'anciennes blessures ; mais dans le chevelu
magnifique nouvellement formé, il a été impossible de
trouver soit un insecte, soit un renflement.

Il est à remarquer qu'ici le sable a agi en véritable insecticide, puisqu'il a amené la prompte et complète disparition du phylloxera ; ces sables sont encore légèrement
salés.

M. Mazel a trouvé, à Aigues-Mortes, une racine de vigne
traversant deux couches du sol, l'une argileuse et l'autre
sableuse. Dans son passage à travers l'argile, cette racine
était couverte de phylloxeras et de nodosités ; parfaitement saine, au contraire, et indemne dans le sable. Le
sable jouait ici le rôle d'obturateur, et l'on comprend alors
que l'interposition d'une couche sablonneuse puisse fournir
une nouvelle explication de la renaissance de certaines
vignes.

Quelle que fût d'ailleurs l'explication, le phénomène de
préservation était, dans Vaucluse, trop manifeste pour
ne pas avoir sur la viticulture de la contrée une influence
déterminante. Sur 32,000 hectares de vignes existant en
1868, il en restait à peine un millier, exclusivement cultivés dans des sols plus ou moins sablonneux. Les ensablements artificiels furent donc recommandés.

M. de la Paillonne maintient encore ses vignes de cette
manière. Il bêche profondément avant l'hiver pour que,
par suite des intempéries, sa terre prenne une consistance
sablonneuse. Il pense que les pluies délayent et entraînent
dans le sous-sol les parties argileuses les plus ténues, ne
laissant à la surface que des terres de plus en plus sableu-
ses. De simples binages superficiels complètent la culture
et empêchent le fendillement. Enfin, des arbres placés au
nord arrêtent les poussières entraînées par la bise et créent
de la sorte un ensablement factice.

M. Espitalier, l'habile et énergique propriétaire du Mas
de Roy, en Camargue, a été un des plus ardents promo-
teurs des ensablements. Il a défendu, avec plus ou moins
de bonheur, pendant des années, les parties limoneuses de
son vignoble; par des apports d'engrais riches et sulfurés,
additionnés de 60 à 80 litres de sable pur, par souche. Il
n'a pas tardé à reconnaître que cet ensablement partiel était
insuffisant : une couche continue et d'une certaine épaisseur peut seule procurer une défense efficace. Malgré les
conditions favorables, cette pratique coûtait encore de 3 à
400 francs l'hectare; M. Espitalier l'abandonna donc pour
employer la submersion, ainsi que nous le verrons plus
tard.

Plantation dans les sables. — Mais il sut profiter
des sables qui l'entourent, pour rendre à la culture des
bas-fonds salés jusque-là réfractaires, et établir sur ces surfaces sablonneuses de bonnes vignes qui, depuis huit
ans, résistent complétement au phylloxera. Les rendements varient de 150 à 200 hectolitres à l'hectare
pour les Aramons et de 50 à 70 hectolitres pour les autres
cépages plus jeunes, et naturellement moins productifs.

La mise en valeur des montilles s'est faite de la façon la
plus économique, en utilisant la force des vents. Les montilles, ouvertes par la charrue et cultivées en orge pendant
deux ans, avec des hersages intercalaires, se sont nivelées
par la bise, leurs sommets allant combler les bas-fonds voisins. La vigne a pu, dès lors, être plantée sur toute la surface à 1^m,50 en tous sens. Complantées en grande partie
de Carrignanes, d'Espar, de Grenache, variétés généralement peu résistantes, elles sont très-belles, et, depuis huit
ans, donnent des produits constants. Le phylloxera s'y
montre cependant, mais ne se développe pas.

La plantation dans les sables a donc pris une extension
considérable. Vaucluse possède maintenant 8,500 hectares
dans ces conditions.

Les terrains sablonneux où l'on rencontre ces vignes, disait M. Coste à l'assemblée générale devant la Commission, occupent trois zones principales dans le département de Vaucluse : au pied du versant sud du mont Ventoux, au pied du versant N.-E. du Lubéron et au pied de quelques contre-forts de la montagne de la Lance. On en trouve encore sur les bords des fleuves, rivières et torrents ; mais là, généralement, la résistance n'est pas relative.

Cette résistance relative suffit telle quelle, si elle atteint six ou sept années, à beaucoup de cultivateurs, qui déclarent ne pouvoir obtenir, en ce même temps, d'aucune autre culture, des produits aussi rémunérateurs. C'est pourquoi, nombre de petits vignerons, en dépit de la main-d'œuvre énorme et des frais qu'elle entraîne, n'hésitent pas à se constituer, par des apports de sable, un sol factice qui leur assure une résistance relative.

La vigne passe ainsi à l'état de culture temporaire.

La résistance absolue ne se rencontre que dans les sables purs, c'est-à-dire, présentant au plus haut degré les caractères extérieurs du sable : éléments extrêmement ténus et mobiles, purgés de tout mélange plastique susceptible de diminuer leur mobilité. La pureté chimique entraînant la stérilité est tout autre. Les sables, pour assurer aux vignes la vie et la résistance au phylloxera, doivent être purs, comme nous l'entendons, et fertiles, c'est-à-dire renfermer en proportions convenables les principes constitutifs de la plante. Les sables siliceux du grès vert donnent seuls la résistance absolue ; d'après M. Coste, elle n'est que relative dans les sables calcaires de la molasse tertiaire.

A Aigues-Mortes, la Commission, guidée par M. Aguillon, notaire, longeant rapidement les remparts si admirablement conservés de la ville et la belle tour de Constance, est allée visiter la vigne de la Glacière, au quartier des Puits-Neufs, appartenant à M. Hilarion Gros. Le sol est en sable siliceux, mélangé d'argile sur une profondeur de 0^m,70,

grâce aux terreautages qui y ont été exécutés par les anciens propriétaires, avec des boues provenant du curage
des fossés et canaux. L'invasion phylloxérique peut remonter, dans cette vigne, à 1872. Elle se défend péniblement.
Une partie, très-belle encore l'année dernière, paraît-il, n'a
pas de récolte cette année, et les pousses atteignent à peine
0m,40. Les racines fouillées sont en mauvais état ; elles montrent beaucoup d'insectes.

Au bout de cette vigne, en est une autre, dite les Bon-
dres, appartenant à M. Castel. Elle est en sable pur et
compte de quinze à dix-sept ans de plantation. Les Ter-
rets-Bourrets sont très-beaux, mais quelques taches apparaissent çà et là. Une fouille faite n'amène la découverte
d'aucun insecte et le chevelu est magnifique.

Un peu plus loin, une vigne de trois ans souffre de la
sécheresse ; elle n'est pas fumée et contraste singulièrement avec celle qui la touche, bien fumée et de superbe
végétation. Dans toutes il y a des taches. Les fouilles ne
font cependant découvrir aucune trace d'insecte. On les
attribue à la sécheresse et au sel, qui remonte à la surface.
Ces vignes sont en effet situées sur des salines, et sont
élevées de 1 mètre à 1m,50 seulement au-dessus du
niveau de la mer.

Au retour, la Commission examine encore une vigne
dite à sol fixe, comme la première, colmatée comme elle,
et comme elle aussi, attaquée et languissante. L'aspect de
ce sol est pourtant des plus sablonneux. L'analyse qu'en a
bien voulu faire notre collègue M. Muntz, directeur des
laboratoires de l'Institut national agronomique, a donné
24 p. 100 de calcaire pour l'une et 16 p. 100 pour l'autre.
Elle a aussi révélé la présence de phosphates qui expliquent
la fertilité relative de ces sables. Cette fertilité est d'ailleurs entretenue par des fumures appliquées tous les trois
ou quatre ans, avec des joncs mal enterrés, formant sur le

sol des aspérités qui arrêtent au passage les sable que, sans cela, le vent pousserait au loin.

D'après M. Aguillon, les sables d'Aigues-Mortes répondraient généreusement aux fumures qu'ils reçoivent. Dans la culture ordinaire, les rendements moyens seraient de 80 à 100 hectolitres ; mais une fumure un peu plus copieuse élève facilement le rendement à 150 hectolitres. On cultive dans ces vignes beaucoup de raisins ordinaires et de chasselas expédiés à Paris aux prix de 5 francs les 100 kil. pour les premiers et 40 à 50 francs les 100 kil. pour les seconds. Les vins, très-recherchés, paraît-il, des Bordelais qui, au dire de Thibaut, notre brave guide, un vrai patriote aigues-mortain, font avec cela la qualité de leurs bordeaux, les vins d'Aigues-Mortes atteindraient maintenant les prix de 25 à 30 francs l'hectolitre.

On comprend que, dans des conditions si avantageuses, à Aigues-Mortes notamment, la culture de la vigne se développe rapidement. Une compagnie s'est formée pour l'achat et la vente ou mise en valeur de terrains dont les prix ont augmenté dans une proportion étonnante. L'hectare de dunes, qui valait autrefois 100 francs arrive, aujourd'hui, complanté de vignes, à 3,000 francs. Les ouvriers vignerons abandonnent leurs vignobles détruits et viennent à Aigues-Mortes, fuyant la misère qui les étreint cruellement, créer sur les dunes de nouveaux plantiers dont le produit leur est abandonné les sept premières années et qu'ils continuent ensuite à cultiver moyennant une certaine redevance.

C'est dans les cantons sablonneux d'Aigues-Mortes, de Vauvers et de Générac que se trouvent en grande partie les 8 à 9,000 hectares, ayant seuls survécu aux 95,000 hectares qui couvraient d'une verdure luxuriante le département du Gard, avant l'invasion.

A Vauvers, la Commission a remarqué des vignes assez belles, mais attaquées et faiblissant visiblement. Le sol est formé, d'après M. Félix Boyer, habile chimiste et secrétaire général de la Société d'agriculture du Gard, d'une couche profonde de 1m, 50 à 7 mètres de sable reposant sur un lit de cailloux. Un échantillon de ces sables, analysé par notre savant collègue M Muntz, a donné 7,4 p. 100 de calcaire. Il est très-fin et semble plus pur que le sable de la pièce de la Glacière, à Aigues-Mortes. Il forme cependant à la surface une très-légère croûte. Des échantillons, analysés par M. F. Boyer, ont montré 10,2 et 11,5 p. 100 de calcaire.

A 200 mètres environ de la gare, le sable semble plus grossier, les vignes sont plus malades; à Beauvoisin, le résultat s'accentue; les vignes, cependant, sont encore belles et pourraient être traitées; à Générac le terrain s'élevant toujours reste sablonneux et rougeâtre, mais devient de plus en plus caillouteux, les vignes disparaissent de plus en plus.

Dans la Gironde, cette plaine qui s'étend de Libourne à Saint-Emilion, a offert à la Commission un nouvel et frappant exemple de résistance due à la nature sableuse du sol et du sous-sol. Entourée de vignobles phylloxerés, elle est encore indemne.

La vigne de la Grâce-Dieu, domaine du Pourret, appartenant à M. Albert Piola, est plantée dans un sable fin, assez fertile, de 0m, 50 à 0m, 60 de profondeur. Il contient plus de 60 p. 100 de silice, le sous-sol est également siliceux. Cette vigne a sept ans, et n'a été fumée qu'une seule fois avec des boues de Bordeaux. Elle est en très-bon état, sans aucune tache phylloxérique; et, malgré la coulure et l'oïdium donnera encore une bonne demi-récolte de 17 hectolitres à l'hectare.

En résumé la résistance dans les sables peut être considérée comme parfaitement démontrée. Elle augmente avec la proportion de sable mouvant et de silice. Cette proportion, nous l'avons vu, s'élève dans certaines parties de

Vaucluse, à 90 p. 100 ; elle est de 68 à 72 p. 100 à Aigues-Mortes, d'après M. Boyer ; de 60 p. 100 à Libourne ; de 30 à 36 p. 100 seulement à Beauvoisin et, avec elle, la résistance décroît. D'après M. Boyer ; qui a fait de cette question une étude spéciale, dans les terrains sablonneux où la vigne résiste, la proportion de chaux ne dépasse guère 12 p. 100.

La plantation dans les sables, permettant une culture temporaire assez longue de la vigne, ou dans ceux auxquels un état de pureté physique et de fertilité assure une complète indemnité, mérite d'être encouragée.

Il y a là un moyen inespéré de mettre en valeur des étendues considérables dans des contrées jusqu'ici déshéritées, et de combler, par de nouvelles créations, une partie plus ou moins considérable de cette brèche ouverte, par la destruction d'anciens vignobles, au fort même de la richesse nationale.

DEUXIÈME PARTIE

DE LA CONSERVATION DE NOS CÉPAGES EUROPÉENS

Si, comme il est bien démontré aujourd'hui, en dehors des terrains sablonneux, aucune circonstance de sol ou de climat ne permet à nos vignes européennes, descendantes dégénérées ou non de la Vitis vinifera, de résister aux attaques du phylloxera, deux voies seules nous restent ouvertes pour assurer la conservation de nos vignobles ou leur reconstitution : procurer à nos cépages la vertu de résistance qui leur manque ou les débarrasser de leur inexorable ennemi.

La solution, dans ces deux voies, s'obtient plus ou moins complète par l'emploi, comme porte-greffes, de vignes américaines résistantes, d'une part; et, d'autre part, à l'aide de pratiques spéciales comme la submersion, ou de substances toxiques, allant toutes chercher l'insecte dans ses retraites souterraines et amenant sa destruction.

La Commission a dû envisager séparément ces deux solutions d'un même problème : la conservation de nos cépages. Ses observations sur chacune d'elles vont faire l'objet des deux chapitres suivants.

CHAPITRE PREMIER

DES VIGNES AMÉRICAINES.

Des vignes américaines. — Dès l'instant où l'origine américaine du phylloxera était admise, où sa vie, exclusivement prise aux dépens de la vigne, était démontrée, il était rationnel de chercher dans les espèces du nouveau monde, cet arbuste, dont il était le parasite, qui devait par conséquent le porter sans souffrir ou du moins sans blessures fatales : la vigne résistante enfin (1).

Cultivée à titre de curiosité dans les collections, objet d'études pour quelques viticulteurs, qui pensaient déjà y trouver un remède contre les ravages de l'oïdium, la vigne américaine n'allait pas tarder à fournir les preuves expérimentales de cette précieuse qualité de résistance qui, aujourd'hui, fait notre espoir et commande notre plus sérieuse attention.

« La première mention de cette résistance que certains
» cépages américains opposent au phylloxera, dit M. E.
» Planchon, est due à M. Laliman, de Bordeaux. Frappé de
» voir quelques pieds de ces cépages demeurer luxuriants
» et pleins de vigueur au milieu de ses autres vignes
» mortes ou mourantes, ce viticulteur communiqua en
» novembre 1869, au congrès des agriculteurs de France
» réunis à Beaune, ce fait remarquable d'immunité relative.
» Il en saisit les conséquences pratiques, en montrant,
» dans ces variétés exotiques, alors ignorées ou dédaignées

(1) On espérait même, allant plus loin, découvrir et utiliser des vignes indemnes, signalant déjà pour cet objet la Vitis rupestris et certains Cordifolia sauvages.

» du public, les remplaçants possibles de nos variétés indi-
» gènes. »

A l'époque et pour le milieu où cette communication
était faite, c'était aller peut-être et trop vite et trop loin ;
froisser certaines fibres patriotiques et indisposer par là,
contre les cépages nouveaux, les tenants convaincus de ces
anciens que l'on semblait vouloir remplacer si aisément.
M. Gaston Bazille paraissait donc plus dans le sentiment
général et mieux inspiré, lorsque, en 1871, reprenant
hardiment une idée qu'il avait lancée en 1869, il n'hésitait
pas à dénoncer comme sujets ou porte-greffes robustes de
» notre vigne de l'ancien monde, si justement fière de ses
» vieux quartiers de noblesse, » les cépages du nouveau,
signalés comme résistants par MM. Laliman et Riley.

« Il ne s'agit pas, du reste, dit M. E. Planchon, à qui
» nous empruntons ces détails, de sacrifier à des vignes
» étrangères les cépages qui font la réputation séculaire
» de nos pays de grands vins. Mais, si la greffe sur vignes
» américaines, en donnant à nos vignes indigènes des
» nourrices étrangères robustes et résistantes, leur permet
» de conserver toutes leurs qualités naturelles que rien ne
» peut suppléer, on s'estimera peut-être heureux d'avoir
» pu sauver à ce prix une des richesses et, l'on peut dire,
» des gloires de notre agriculture nationale. »

A Dieu ne plaise, cependant, que ce grand mouvement
d'études, qui se fait autour des vignes américaines, dût se
calmer, sans laisser à notre viticulture de nouvelles et précieuses conquêtes ! On ne peut nier, dès maintenant, quel
que soit, par la suite, le sort réservé aux cépages transatlantiques, que certains d'entre eux, par la magnifique couleur
de leurs vins, leur degré alcoolique élevé joints à une
franchise de goût suffisante, ne restent dans les pays de
vins moyens, cultivés pour leurs fruits aux lieu et place de
variétés secondaires indigènes abandonnées : tel le Jacquez
qui, dans le Midi, semble déjà avoir conquis droit de cité.

Mais l'on n'obtient pas d'eux les produits abondants que
donnent les Aramons, les. Petits-Bouschets, les Carigna-
nes, etc... ; et leur qualité, égale ou légèrement supérieure
à celle de ces derniers, n'amène point, ce semble, à une
substitution avantageuse et forcée.

Nous généraliserons donc la déclaration que, dans la
citation qui précède, M. E. Planchon appliquait à « nos pays
de grands vins » ; et nous dirons, avec M. Gaston Bazille,
que « dans le Midi même, nous devrons aussi bien souvent
» greffer nos plants si fertiles sur des souches américaines,
» pour conserver ainsi des vins qui donnaient lieu à un
» commerce immense et avaient fait la richesse de cette
» région. » C'est donc surtout comme porte-greffes, sans
exclusion des autres services à leur demander, que l'étude
des vignes américaines proposées pour sauver nos vignobles de l'invasion phylloxérique a été entreprise. La résistance des cépages, leur végétation dans les divers terrains,
les procédés de greffage et la tenue des greffes en culture,
tels sont les points sur lesquels la Commission a plus spécialement porté son attention. L'état présent, qu'elle constatait dans ses visites, ne lui permettait pas d'établir sérieu-
sement un jugement sur des faits culturaux qui réclament
une expérience de plusieurs années ; elle a donc recueilli
sur chacun d'eux le plus de renseignements possible et
s'est enquise avec soin, sur un sujet si controversé, de
l'opinion dominante des sociétés agricoles ou des hommes
les plus compétents des pays qu'elle a traversés.

Résistance des vignes américaines. — *La résis-*
tance relative des vignes américaines, comparée à celle des
nôtres, ne saurait être mise en doute.

A Tain, département de la Drôme, sur les parties hautes
du coteau qui produit les vins fameux de l'Ermitage, dans
un sol argilo-siliceux calcaire, extrêmement caillouteux,
maigre et sec, la Commission a vu une plantation de Clinton,
d'un certain âge et d'un très-bel aspect. Les feuilles étaient

vertes ; les pampres, longs et vigoureux, portaient quelques
grappes d'un beau noir. La vigne française, immédiatement
au-dessus, tuée, a-t-on dit, par le phylloxera, était arrachée ;
celle située au-dessous est complétement jaune ; ses feuilles
sont bordées de rouge : elle est très-malade.

Les feuilles dans les rangées qui touchent la vigne américaine portent quelques galles ; celles des Clintons en sont
littéralement couvertes et même déformées, sans perdre
leur belle couleur. Ce fait est curieux à noter. M. E. Planchon, qui a découvert les galles du phylloxera en 1869,
n'en avait encore rencontré qu'une dizaine d'exemples, et
toujours sur des vignes françaises ; des soixantes variétés
de vignes exotiques qu'il cultive, aucune ne lui en a donné,
tandis que dans le nouveau monde elles sont fréquentes,
sur le Clinton en particulier. Leur production est fort
capricieuse ; se montrant une année, elles disparaissent
l'année suivante, et surgissent quelquefois sur des variétés
voisines. Nous en avons vu à diverses reprises et nous le
signalerons en passant.

Les environs d'Avignon ont fourni à la Commission
deux nouvelles preuves de la résistance supérieure des
cépages américains.

A Monplaisir, quartier Saint-Martin, dans un terrain de
plaine calcairo-argileux, caillouteux, appartenant géologi-
quement au diluvium alpin ou des plateaux, légèrement
coloré par le peroxyde de fer, sur l'emplacement d'une
ancienne vigne foudroyée, paraît-il, il y a quatre ans, par le
phylloxera, M. Emile Perre, le propriétaire, a planté deux
carrés contigus l'un en 1875, de vignes indigènes, Grenaches, Clairettes, Muscats, etc.; l'autre, en 1874, de vignes
américaines, Concords, Isabelles, Clintons. Les plantations
ont été faites sur un retournis de sainfoin, par conséquent
sans fumure, en lignes espacées de 3 mètres, laissant sur
chacune d'elles 1 mètre d'intervalle entre les plants. Les
Clintons ont été mis en place à l'état de simples boutures

et leur reprise, qui s'est bien faite, a été favorisée par un arrosage plusieurs fois répété dans les raies. Le sol, profond de 0m,40 à 0m,50, doit être considéré comme bon pour la culture de la vigne.

Les deux premières années, pour toute la plantation, la végétation, nous dit-on, a été fort belle. En 1877, à leur troisième feuille, les plants français attaqués ont commencé à faiblir ; aujourd'hui ils ont disparu : quelques ceps seuls végètent encore misérablement.

Les vignes américaines au contraire sont toujours là. Les Isabelles, les Concords, à leur cinquième feuille, portent des fruits. Les Concords, il est vrai, ont un assez pauvre aspect, mais se rachètent un peu plus loin, dans une partie meilleure de la même propriété, sans atteindre toutefois la vigueur de végétation des Clintons, qui sont beaux. Ceux-ci ont cependant des galles sur les feuilles, tandis que l'on n'en trouve aucune sur les vignes françaises, et leurs racines portent des insectes assez nombreux, des tubérosités d'où partent déjà de nouvelles radicelles.

A Sorgues, même contrée, dans une terre calcaire argileuse extrêmement caillouteuse, véritable terre de garrigue, tellement sèche et pauvre, qu'à la porte d'un centre populeux, elle était restée en friche une quarantaine d'années environ, MM. Leenhard et Villion installèrent, en 1873-74, une expérience destinée à éprouver la résistance des cépages français et américains. Des boutures de Concords, Clintons, Taylors, furent plantées à un espacement de 2 mètres en tous sens. A égale distance de chacun de ces plants, et formant des lignes nouvelles intermédiaires furent placés des plants français de toutes les variétés du pays.

Les manquants américains furent remplacés par des Solonis enracinés de même âge, pris en pépinière : toute la plantation est donc aujourd'hui à sa cinquième feuille.

Dès le début, à la deuxième année surtout, les français

semblèrent prendre le dessus, dit M. Coste, qui nous fournit sur place ces détails; mais à la troisième année de plantation, les cépages indigènes chargés de fruit ne purent mûrir leur récolte; leur système radiculaire était détruit par le phylloxera! Aujourd'hui, toutes ces souches sont mortes ou mourantes, tandis que les vignes américaines conservent leur vigueur.

Les vignes françaises arrachées montrent beaucoup de phylloxeras et des nodosités nombreuses, tandis que l'on en trouve peu sur les vignes américaines: cette différence est à noter; elle s'accusera presque à chaque constatation faite dans les mêmes conditions.

Les Taylors sont aussi beaux que peut le comporter l'aridité du terrain; les Concords ne paraissent pas souffrir comme chez M. E. Perre, bien que le sol soit de qualité moindre; les Clintons jaunissent dans une partie, mais ailleurs se montrent en bon état sans dépasser toutefois moitié de la taille des Taylors.

Les Solonis présentent une végétation luxuriante. L'un d'eux, situé à l'angle de la propriété, porte de petits grapillons noirs et des sarments de 5 à 6 mètres; il a fourni, nous dit-on, l'année dernière, jusqu'à 100 plants.

Chez M. Meunier, au hameau de la Garde, commune de Toulon, la plantation américaine est trop récente pour prouver beaucoup; et nous n'en ferions pas mention sans un petit incident qu'il peut être intéressant de rapporter.

Dans le jardin du château, sol argilo-siliceux, très-riche, sur l'emplacement de vignes détruites, par conséquent en terrain phylloxéré, M. Meunier a planté, le 5 avril 1876, des boutures de Taylor et de Cordifolia sauvage. Le chevelu est peu abondant; mais bien que couvertes de phylloxeras, les racines sont belles et offrent peu de nodosités. Il y en a eu moins sur les Cordofolia que sur les Taylors.

M. le D' Fatio appelle l'attention sur un pied de Carignane égaré au milieu de ces plants exotiques. Il est jaune,

ses sarments ont à peine 0^m,50 ; ses racines fines, ses
radicelles sont détruites et tout lui présage une fin prochaine. Mais dans le rang qui suit se trouve un Taylor bien
plus faible que les autres et aussi bien plus phylloxéré. A
son aspect, plusieurs membres de la Commission pronosti-
quent sa perte, doutant que sa résistance puisse se pro-
longer au delà de l'année prochaine. M. E. Planchon,
s'appuyant sur l'expérience qu'il a de Taylors résistants
depuis sept ou huit ans, combat cette opinion ; puis
étudiant de plus près une des racines malades, il fait voir
qu'en enlevant par frottement toutes les parties extérieures
attaquées, l'axe de la racine se montre pur et net, capable
d'émettre de nouvelles radicelles, qui, d'après les travaux
de M. Foex, sont la raison principale de la résistance des
vignes américaines.

En Camargue, à ce domaine de l'Armeillère qui
semble vraiment la terre promise des plants américains,
tant la réussite de tous y est complète et leur végétation
luxuriante, la Commission a pu constater une fois de plus la
tenue si différente des cépages français et américains en
présence de l'insecte.

Dans cette terre d'alluvion argilo-calcaire, très-riche et
peu sablonneuse, d'une profondeur presque indéfinie, le sel
se rencontre à 0^m,50 où 1 mètre de la surface, formant une
couche réfractaire aux racines. Là, cependant, les Aramons
avaient toujours prospéré. Tués en 1871 par le phylloxera,
ils ont été arrachés en 1872, et cette même année, dans le
sol contaminé, plein de débris de racines phylloxérées,
M. Reich planta, à la manière du pays — 2,500 ceps à
l'hectare — des boutures de 108 variétés américaines paral-
lèlement à des Aramons et des Lambrusques sauvages. Les
manquants de la plantation américaine furent remplacés
par des pieds enracinés de même âge.

Aramons et Lambrusques disparurent peu à peu. On leur

substitua au fur et à mesure, en 1874, 75, 76, de nouveaux plants enracinés exotiques.

Le dernier Aramon survivant est arraché devant nous, il était mourant et portait des insectes. On n'en trouve aucun sur six plants américains voisins fouillés avec soin.

Un Isabelle à côté, bien que très-beau et réputé non résistant, a des phylloxeras sur ses racines : il a cinq ans ! Il s'en trouve aussi quelques-uns, mais peu, sur un Ives-Seedling, ordinairement peu résistant, mais d'apparence chétive.

Dans une tache, à l'extrémité de la plantation, près d'une haie, une fouille exécutée au pied d'une vigne n'amène la découverte d'aucun insecte ; on constate seulement la maladie du blanc. Après de nouvelles recherches sur un beau cep, au bord de la tache, on ne trouva rien ; rien non plus, sur des plants situés à côté d'Aramons morts et remplacés immédiatement par des boutures américaines d'un an.

Le Concord, qu'ailleurs nous avions vu faiblir, se comporte bien ici : la résistance des plants français n'a pas duré plus de deux à trois ans.

Non content de cette première expérience, M. Reich voulut en tenter une seconde. Choisissant dans son jardin une partie à sol plus léger, il en releva la terre sur une profondeur de 0m,50, et remplit la fosse ainsi formée de terre phylloxérée, de racines portant des insectes, de terreau additionné de terres noires sablonneuses.

Dans cette « phylloxérière », il planta, sur quatre rangées, huit variétés américaines : le Cornucopia, le Humboldt, l'Elvira, le Neosho, le Salem-Rogers, le Delaware, le Black-July, le Cunningham, et quatre cépages français : L'Aramon, la Carignane, le Grenache et le Terret-Bourret.

D'après M. Reich, la première année, 1876, toute la plantation a bien poussé. L'Aramon était joli, le Grenache superbe. La Carignane et le Terret seuls souffraient. Dans les américains les plus beaux étaient l'Elvira, le Neosho, le Cunningham ; le Salem était le moins joli.

En 1877, l'Aramon et le Grenache, seuls des plants français, ont poussé ; le Grenache même égalait en beauté les américains : les autres n'existaient plus. Or, à la fin de l'année, l'Aramon était mort ; le Grenache vivait encore, mais jaune et très-affaibli.

Des fouilles nous montrent le phylloxera en nombre sur l'Elvira ; aucun sur le Neosho, Æstivalis dont les racines sont, paraît-il, très-dures. D'ailleurs, affirme M. Reich, dans ces plantations américaines l'insecte diminue d'année en année.

Les Clintons qui, l'an dernier, portaient, nous dit-on, de nombreuses galles, n'en ont plus cette année ; mais on en rencontre sur plusieurs variétés, et notamment sur le Cornucopia de la phylloxérière.

La preuve la plus concluante a été fournie au domaine de Chibron, commune de Signes, département du Var.

En 1867, ce vignoble avait été créé par M. Henri Aiguillon, en terre très-pauvre, très-sèche, renfermant, d'après le le propriétaire, 66 p. 100 de calcaire, pas ou peu de silice et une extrême abondance de cailloux. Les Grenaches et Mourvèdes prospéraient néanmoins, grâce aux fumures, lorsque le phylloxera survenant la vigne fut à peu près foudroyée. Elle comptait 25 hectares.

En 1872, sur l'arrachage même, M. Aiguillon replanta environ 600 variétés françaises ou étrangères, de toute provenance, et, parmi elles, une centaine de plants américains.

Il ne reste plus aujourd'hui, de ces milliers de vignes, que 36 sujets américains, savoir :

16 York-Madeira, très-beaux, verts et chargés de raisins noirs.

2 Cunningham, également très-beaux.

1 York-Clara.

1 Concord.

4 Labrusca indéterminés ; en tout, 6 plants très-mauvais, jaunes et faibles.

3 Clintons-Vialla, avec des pousses suffisantes, mais d'aspect maigre et souffreteux.

2 Clintons-Gaston-Bazille, portant peu de fruit, mais très-vigoureux. Leur désignation est contestée par M. Planchon.

1 Herbemont en assez mauvais état.

3 Jacquez jolis.

2 Pauline en affreux état.

1 Taylor de belle couleur verte avec des sarments de 1m.50. Ce plant avait été vu fort jaune, les années précédentes, par plusieurs membres de la Commission et presque condamné : il s'est bien refait. M. Aiguillon affirme que ses autres Taylors, plantés depuis quatre ans, sur coteaux, ont jauni de même et reprennent bien maintenant.

Les espèces du nouveau monde ayant succombé sont ; l'Isabelle, Hartford-prolific, Anna, Bland, Gœthe, Logan, Creveling, Canada rose, Clarette, Ives, Diana et Delaware : tous hybrides ou Labrusca, remarque M. E. Planchon.

La plantation avait été faite à l'aide de boutures et la reprise bonne : de celles-ci, dans les espèces résistances, toutes sont encore là. Elles n'ont reçu d'autres soins qu'une fumure tous les deux ans, fumure nécessitée par l'extrème pauvreté du sol. Le reste de la pièce est ensemencé en sainfoin. M. Aiguillon n'a jamais rencontré de galles sur ses vignes.

Nous nous bornons à ces faits, bien constatés par la Commission et auxquels d'autres, nombreux, qu'elle a vus, pourraient être joints. Ils confirment ce que tout le monde aujourd'hui reconnaît, la supériorité marquée des vignes américaines, en général sur nos vignes européennes, sans exception, au point de vue de la résistance au phylloxera.

Comparées entre elles, les vignes américaines ne montrent pas au même degré cette vertu de résistance qui con-

stitue leur principal mérite ; l'expérience de M. H. Aiguillon
en est une preuve évidente ; mais elle affirme avec non
moins de force, en raison des mauvaises conditions où elle
s'est produite, et pour une période de sept ans, égale à celle
qu'elles viennent de traverser, la résistance des survivantes.

Il y aura donc un choix à faire, choix rendu de plus en
plus facile par les études sérieuses et multipliées des
sociétés d'agriculture, des savants et des viticulteurs qui,
depuis 1872, s'adonnent à cette question. C'est ainsi que
M. E. Planchon a groupé, dans le tableau suivant, les
principaux cépages dont la résistance — seule en jeu pour
l'instant — se trouve maintenant hors de toute contesta-
tion.

Groupe des Cordifolia dans l'ordre descendant de la résistance :

Vitis Solonis — Clinton Vialla ou Francklin.

. Cordifolia sauvage sous ses diverses formes ou variétés.
Taylor — Clinton.

Groupe des Æstivalis. Toutes les variétés. Jacquez, Herbemont, Cunningham, Rulander, Black-July.

Groupe des Labrusca — York-Madeira.

Quelle sera la durée de cette résistance ? Serait-elle indéfinie ?

L'expérience seule pourrait répondre ; et pour elle, malheureusement le temps manque ! Les plus anciens essais,
en grande culture, remontent à 1872 seulement. Ceux de
M. Reich, à l'Armeillère, de M. H. Aiguillon, que nous
avons cités, sont de cette date ; de 1873-74, sont ceux de
MM. Leenhardt et Villion à Sorgues ; les belles plantations de M. Lugol à Campuget datent de 1874 ; et celles,
plus récentes de M. Piola, à Saint-Emilion et à Condat,
de 1876-77.

M. E. Planchon possède, dans sa charmante propriété de
Lichtenstein, partie de l'Aiguelongue, près Montpellier, les
plus anciens exemplaires de la région.

1 Pied de Jacquez — 1 pied de Taylor, 1 pied de Solonis, 1 pied d'Yorck-Madeira, 1 pied de Delaware.

« D'après la note que M. E. Planchon a bien voulu nous
» remettre, ces boutures reçues de M. Laliman dans l'hiver
» de 1870-71, mises en terre le 22 février 1871, ont
» végété depuis avec une vigueur constante. Le Jacquez
» surtout, isolé des autres et plusieurs fois marcotté en
» place, constitue une forte touffe à plusieurs têtes qui a
» donné l'an dernier 84 raisins et plus de 50 boutures.

» Le Taylor et le Solonis plantés dans le même carré que
» le York-Madeira et le Delaware, ont affamé ces deux
» derniers dont le développement est resté relativement
» faible, tandis que les pampres des deux premiers s'éten-
» dent sur le sol, en tous sens, sur des longueurs de 3
» à 4 mètres.

» Or, tous les plants en question sont soumis, depuis
» 1872, sinon 1871, aux attaques du phylloxera. Il est vrai
» que, tout près de là, dans le même terrain maigre et
» friable, presque sablonneux, sauf que le calcaire y domine,
» la vigne française se défend encore, mourant par taches,
» mais encore vivace dans son ensemble. »

Avec un superbe York-Madeira de plus de vingt ans, chez M. Henri Marès à Launac, la Commission a vu, chez M. Laliman, le célèbre viticulteur, les plus vieux sujets américains : son fameux Jacquez, un York-Madeira de toute beauté, des Cunningham, des Taylors des Herbemonts et Solonis très-vigoureux, au milieu de vignes détruites.

Si ce dernier fait perd de sa force en raison de la situation où il se produit, dans un jardin à sol extrêmement fertile, les autres restent. Ils sont tous dans les conditions de la grande culture, et plusieurs, nous l'avons vu, en fort mauvaise condition. Or, ils ne donnent, pour la plupart, aucun signe de décrépitude ; on est donc fondé à penser que leur vie, de quatre à sept ans déjà, sera de beaucoup prolongée, et atteindra une durée suffisante pour conserver –

nos vignes et rendre leur exploitation profitable, malgré les attaques du phylloxera.

Du greffage. — C'est que, en effet, récolter les fruits de nos vignes en leur donnant la résistance des racines américaines, voilà bien le but : le greffage est le moyen qui nous y mène.

Le greffage des vignes françaises entre elles, est une opération facile, courante même, de culture en bien des contrées, qui se fait de manières bien diverses et presque toujours avec succès.

Le greffage des vignes américaines sur vignes françaises est plus difficile ; il a été cependant, il est encore pratiqué, tant pour étudier les espèces au point de vue de leur végétation aérienne ou de leur fruit, que pour se procurer rapidement des sarments de variétés rares ou d'un bouturage difficile.

Ainsi M. E. Planchon, dans une partie très-maigre et friable de son domaine de Lichtenstein, nous a montré un carré d'environ 200 ceps américains greffés, au printemps de 1875 sur des vignes françaises encore vigoureuses. Dans le nombre sont : des Cunningham, des Jacquez, des Rülander, des Nortons, des Herbemonts, des Neosho, des Martha, des Cornucopia, des Eumelan, des Marion. L'opération, faite en vue de la production rapide du bois américain, a parfaitement réussi en ce sens que, le pied français ayant gardé sa vigueur au moins trois ans, à cause de la nature sableuse du terrain, les greffes ont eu le temps de s'affranchir en poussant leurs propres racines. Aujourd'hui, c'est sur ces racines que la plupart des pieds vivent et végètent avec vigueur ; car déjà, depuis l'an dernier, les vignes françaises placées à côté déclinent rapidement, tandis que la vigueur des greffes se maintient.

A son beau domaine de Saint-Sauveur, M. Gaston Bazille a fait remarquer à la Commission, dans la pièce de la Plantade, des Jacquez greffés sur plants français, dominant les plantations environnantes et d'une intensité de verdure remarquable ; puis, sur une autre partie du même domaine, des Jacquez encore, greffés sur Petit-Bouschet, chargés de fruits et d'une végétation admirable.

On pourrait multiplier ces exemples de réussite ; mais, au dire des personnes les plus autorisées, la condition maîtresse est toujours celle-ci : prendre des sujets français sains au moment du greffage et les maintenir tels, pendant un temps assez long pour que la greffe américaine puisse s'affranchir et vivre d'elle-même.

Ce moyen a encore été pratiqué pour substituer, sans arrêt de production, une vigne américaine à greffer plus tard ou cultiver pour ses fruits, à une vigne française attaquée et par conséquent condamnée à disparaître.

Des tentatives ont été faites sur une vaste échelle, et leur insuccès a fait grand bruit. Les circonstances où elles se sont produites mal définies, ont amené une confusion grâce à laquelle le discrédit dû aux greffes s'est étendu aux vignes américaines de franc pied, semant de nouveaux doutes sur leur qualité de résistance déjà si controversée.

Sans parler des essais très-connus de M. Fabre, la commission a entendu, de M. H. Aiguillon lui-même, l'historique de ce qu'il avait fait à son domaine de Chibron. Sur 10 hect. de vignes françaises choisies dans le meilleur état, il avait greffé en fente des Cynthiana et des Herbemonts. La greffe avait été enterrée à 0^m,35 de profondeur ; et malgré le sol aride, tout avait bien repris.

Après deux ans, sans dépérissement bien apparent, la végétation ne se développant pas normalement, M. H. Aiguillon craignit de voir la mort de ses greffes non affranchies, entraînée par celle des pieds francs porte-greffes. Pour ne pas tout perdre, il décida l'arrachage ; séparant alors le greffon du pied-mère il obtint des plants enracinés et des sarments propres aux bouturages.

M. E. Planchon, dans son bon livre *Des Vignes améri-caines*, avait d'ailleurs prévu ces insuccès.

« Inséré dans le bois encore vivant du cep phylloxéré
» d'Europe, dit-il, le greffon américain profite du peu de
» séve qui reste encore dans ce sujet épuisé; mais, par
» cela même qu'il reçoit une nourriture toute faite, il ne
» développe pas ses propres racines adventices comme le
» ferait une bouture, ou, s'il en pousse quelques-unes,
» leur nombre et leur force ne sont pas en rapport avec
» la végétation extérieure de la greffe. Que la source de
» séve du vieux sujet vienne à tarir, la jeune greffe se
» desséchera faute d'aliment. Que le vieux sujet donne en-
» core assez pour que la greffe vive la première année, cette
» greffe pourra vivre l'année d'après par les racines qu'elle
» émettra de sa base ; mais alors elle est devenue bouture,
» avec cette circonstance aggravante qu'elle repose sur un
» vieux tronc pourri et dans un milieu déjà épuisé par la
» végétation antérieure d'une vieille vigne. »

Ce procédé abandonné, croyons-nous, a été heureusement modifié par M. Bouschet. Il s'agit toujours de la
transformation entière et immédiate d'un vignoble, mais
les nouveaux ceps, au lieu de se substituer aux lieu et place
des ceps primitifs, occuperont les intervalles laissés entre
eux. Cette greffe se nomme greffe provin.

« Ainsi, dit M. E. Planchon, qu'on suppose un cep de
» vigne phylloxéré ou près de l'être, mais ayant encore
» assez de vie pour nourrir une année la greffe faite sur
» un ou plusieurs de ses sarments. Greffé au printemps en
» fente, ou à la greffe anglaise, avec des greffons de vignes
» exotiques, ces sarments sont immédiatement couchés
» dans le sol ou transformés en marcottes..... Que, dans
» l'intervalle, le cep primitif soit mort, son remplaçant
» américain est là pour combler le vide, soit qu'on l'estime
» assez pour lui-même, soit qu'on veuille en faire à son
» tour un sujet pour une greffe de vignes françaises, soit

» encore que cette marcotte soit levée pour en faire un
» plant enraciné. »

Le plant enraciné résistant une fois obtenu, par bouturage, semis ou marcottage, il reste à y greffer la vigne
française, car cette opération, dit M. L. Vialla, « doit être
» le but suprême de nos efforts. »

Différents modes de greffes. — La greffe peut se
faire hors de terre. Nous avons vu chez M. Villion,
à Sorgues, des greffes aériennes de trois ans, faites en
fente sur Clinton, buttées seulement la première année ;
M. Piola, à Condat et Saint-Émilion, protège les siennes de la même façon. Le plus souvent, cependant, la
greffe est faite souterrainement : les détails de l'opération
varient ; mais les procédés les plus usités sont ceux dits
greffe en fente, greffe anglaise ou en fente double.

Enfin, l'union des deux bois peut être préparée dans les
diverses situations suivantes :

1° Le sarment français est greffé sur plant américain en
place.

L'opération réussit bien ; mais elle est minutieuse et pénible, en raison de la position fixe et enterrée du porte-
greffe : et la jointure est souvent mal assurée.

2° Le sarment français est greffé sur sarment américain
servant de porte-greffe. Le tout est planté comme une
bouture ordinaire, le bois américain en bas ; et l'on obtient
ainsi, du même coup, la racine résistante et la tige française.

Cette opération se fait à la chambre, l'hiver, au coin du
feu, très-vite, et dans des conditions de bonne confection.
Elle a été fort recommandée par M. Bouschet. Employée
d'abord directement en grande culture, elle a donné lieu à
des mécomptes dus à la difficile reprise des boutures américaines, et l'on semble d'avis de ne plus la pratiquer qu'en
pépinière.

3° Le sarment français est greffé, en main, sur un plant
enraciné américain arraché.

Elle s'exécute comme la précédente, mais avec beaucoup plus de chances de succès. Son inconvénient est d'exiger des plants de un an.

Appliquée à Chibron, chez M. H. Aiguillon, sur des plants enracinés de deux ans, aucune greffe n'a manqué, nous dit le propriétaire. Le chantier se compose ordinairement de quatre hommes qui préparent les plants, forment les biseaux, ajustent et lient ; il livre huit cents plants par jour. Le jonc d'Amérique est le plus employé pour la liaison ; le tout est bien garni de terre glaise pour empêcher la dessiccation. La greffe ainsi préparée est, en plantant, bien enterrée ; elle donne des raisins la deuxième année et quelquefois dès la première.

M. Piola, de Libourne, agit de même ; seulement, plaçant la greffe à fleur de terre, il la protège par un buttage. Le climat plus humide du sud-ouest autorise cette pratique qui, sous le climat et dans le terrain si sec de Chibron, serait, paraît-il, impraticable.

Dans son domaine du Cadet, commune de Saint-Émilion, M. Albert Piola a montré à la Commission une vigne sur coteau, en terrain calcaire peu profond, plantée à l'aide de boutures et de plants enracinés de Taylor, sur l'arrachage d'une vigne phylloxérée et détruite. Il a greffé sur ces bois américains des Malbec et des Merlots : à la main, comme ci-dessus, pour les plants enracinés ; en place pour les boutures reprises et mises en terre en 1877. Ces dernières ont réussi dans la proportion de 60 à 70 p. 100 au plus ; les premières, au contraire, ont donné 90 p. 100 de reprises.

4° Le plant enraciné français est greffé sur un plant enraciné américain, que ce dernier soit déjà en place ou à la main.

L'opération pourra se faire, soit en introduisant dans une fente faite au plant résistant une languette soulevée du plant français ; soit par la juxtaposition des deux plants, ou leur enlacement, comme le recommande M. Laliman, si

expert en ces matières. La végétation des deux racines
assure la reprise des greffes ; et la soudure, une fois bien
faite, l'amputation du pied indigène, devenu inutile et
placé à dessein au-dessus de l'autre lors du greffage et de
la plantation, peut être avantageusement effectuée. Ainsi
chez M. Lugol, à Campuget, commune de Manduel (Gard),
la Commission a pu voir des hectares complantés de Cunningham et plants français, mis en place dans la même
fosse, aujourd'hui à leur deuxième feuille, et destinés à
cette greffe par approche. En d'autres lieux de la même
propriété, il se trouvait des Taylors et des Cinsauts, raisin
de table français dont on espérait une ou deux récoltes du
franc pied avant de recourir au même mode de greffage.

En somme, la réussite des greffages de sarments français
sur plants américains est plus ou moins grande suivant le
procédé employé et les bois mis en présence ; mais, dans
les conditions normales, elle est toujours suffisante pour
faire du greffage, dans la question présente, une opération pratique.

Il est encore certain que nos vignes françaises végètent
très-bien, pour un temps du moins, sur leurs nourrices
américaines. Ainsi, les nombreux exemples que la Commission a rencontrés chez M. E. Perre à Monplaisir ; à
Sorgues, chez M. Villion ; chez M. Liugol, à Campuget ;
M. Gaston Bazille, à Saint-Sauveur ; M. Piola à Saint-Émilion et à Condat, ont montré, sur des greffes de une, deux
ou trois années au plus, une végétation au moins égale,
et parfois supérieure à celle des pieds francs de même
espèce.

Influence du porte-greffe. — Le goût, la qualité
des raisins n'ont été en rien modifiés par la nature et la
vigueur des racines étrangères. L'expérience s'accorde ici
parfaitement avec les prévisions de la science.

Chez M. Villion, à Sorgues, la Commission a pu goûter
des chasselas très-bons sur des Concords dont le goût est

cependant très-fort, des Grenaches superbes et très-abon-
dants, des Clairettes blanches magnifiques et sans aucun
goût étranger. Ces pieds, paraît-il, étaient à leur deuxième
année de greffe, et l'un d'eux avait déjà fourni environ
5 kilog. de raisins. Le Gutedel, de M. Reich, à l'Armeillère, greffé sur Taylor, était excellent.

Or, partout le même fait se vérifie : la nature des porte-
greffes est décidément sans influence appréciable sur le
goût du raisin : il est donc permis de supposer qu'elle
ne modifiera non plus, ni le bouquet, ni les qualités propres du vin provenant de nos anciens cépages, par elle
conservés.

Mais alors, si le greffage de nos plants français sur racines résistantes assure, comme il vient d'être dit, la conservation de nos vignes dans les conditions normales de
leurs cultures; la production de nos vins dans les conditions connues d'abondance et de qualité, ne devrait-on
pas conclure que ce greffage constitue une solution complète, et, de toutes, la plus simple et la plus rationnelle?

**Motifs d'ajourner encore tout jugement défini-
tif.** — Telle est, en effet, la conclusion de quelques esprits
hardis. D'autres, au contraire, plus timides et, disons-le, plus
prudents, malgré de vives espérances, ajournent leur jugement jusqu'à ce que les inconnues qui, en dehors de la
résistance, pour des raisons d'application en grand, de
culture et d'acclimatation, pèsent encore sur la question,
soient complètement dégagées. Pour eux, la solution pro-
posée ne sera bonne et définitive qu'autant qu'elle aura
reçu les deux sanctions qui lui manquent encore : celle
du temps, celle d'épreuves victorieuses en diverses contrées
et sur des surfaces suffisamment étendues.

Les seuls exemples de grandes cultures en cépages américains ont été offerts à la Commission par MM. Lugol à
Campuget, et H. Aguillon qui, à Chibron, espère cet hiver
avoir 30 hectares complantés en vignes américaines des-

tinées, pour la plupart, au greffage. Mais l'exemple de ces vaillants est peu suivi ; il est d'ailleurs trop récent ; et le vin, dernier terme de ce grand travail qui s'opère depuis plusieurs années autour de ces plants exotiques, qu'il provienne de francs de pied résistants ou de sujets greffés, ne se rencontre nulle part en proportion sensible.

M. H. Aiguillon nous dit avoir récolté 3,000 litres d'Herbemont. Le vin de 1876, qu'il a offert à la Commission, était chaud, de bonne couleur, sans verdeur ni mauvais goût. Il était estimé par le commerce 35 francs l'hectolitre : soit 5 francs de plus que les vins ordinaires du même cru.

L'École d'agriculture de la Gaillarde, près Montpellier, possède une collection de vins américains suffisante pour les dégustations et les études si intéressantes dont ils sont l'objet de la part de M. Camille Saintpierre, son éminent directeur. C'est là que devront aller puiser tous ceux que la question des vins américains intéresse. Certains de ces vins récoltés dans le Midi, auraient, paraît-il, en blanc ou en rouge, une valeur réelle. Ainsi le Jacquez, dégusté par la Commission et aujourd'hui généralement admis comme production directe, était franc de goût, d'un titre alcoolique élevé et pouvait égaler les bons ordinaires du pays, tandis que sa belle couleur permettrait de le substituer aux vins de Teinturiers. Il pouvait, d'après M. L. Guiraud, grand négociant du Midi dont l'appréciation fait autorité, produire de 30 à 40 hectolitres au prix de 25 francs l'un par hectare, au lieu de 15 francs l'hectolitre, prix des Aramons dont la production, il est vrai, atteindrait, dans le même sol, de 150 à 200 hectolitres (1).

Pour ces vins, les quantités nécessaires à une bonne fabrication n'ont pu se trouver que grâce à la concentra-

(1) M. E. Planchon trouve la disproportion trop forte. M. A. Piola, estimerait à 55 où 60 hectolitres le rendement du Jacquez.

tion qui a été faite, à l'Ecole, de raisins récoltés chez les principaux expérimentateurs.

On ne saurait cependant, sans injustice, et malgré les années écoulées, reprocher à la culture des vignes américaines une telle absence de résultat. Son étude est si complexe qu'il n'en pouvait être autrement.

Si, en effet, admettant ce que l'expérience a prouvé, que toutes les vignes américaines ne se montraient pas également résistantes au phylloxera, on fondait, sur l'étendue même des vastes territoires où elles végètent spontanément, l'espoir de trouver parmi ces cépages transatlantiques des espèces résistantes dans des conditions de vie, de sol et de climat analogues, à celles que nous pouvions leur offrir, on avait d'avance la certitude d'études longues et minutieuses à entreprendre pour définir séparément : la résistance et les conditions d'adaptation de chacune, puis démêler, dans les insuccès constatés, la part qui, dans chaque cas, devait revenir à l'une ou l'autre de ces causes ; soit que l'on voulût par la durée s'assurer de la constance des faits et juger de la sécurité qu'ils devaient inspirer, ou, par des expériences répétées dans des conditions variées, déterminer rigoureusement les circonstances favorables, encore avantageuses ou simplement possibles d'application, le temps, dans tous les cas, s'imposait comme l'un des éléments dominants de la question. Or, le temps a manqué jusqu'ici, il faut bien le redire, pour donner aux expériences commencées toute leur signification.

Dans le désordre qui a présidé aux premiers essais, bien des mécomptes ont eu lieu et bien des déboires sont encore possibles, malgré les savantes et continuelles recherches des Gaston Bazille, des Foex, des H. Marès, des Planchon, des L. Vialla, de tant d'autres qu'il est impossible de nommer ici. Grâce à eux, déjà, les cépages qui ont pu être classés suivant leur vertu de résistance, et les conditions de sol et de climat que réclame pour chaque type une bonne végétation, commencent à être mieux connues. Le Congrès tenu à Montpellier, du 2 au 6 septembre dernier, aura sans doute tranché plus d'une difficulté de ce genre, que notre Commission ne pouvait songer à résoudre, mais que, plusieurs fois dans sa course, il lui a été donné de toucher du doigt.

Près d'Avignon, à Monplaisir, chez M. E. Perre, les Concords, médiocres dans les parties hautes et maigres du terrain calcaire-argileux, étaient beaucoup plus beaux à Sorgues, chez M. Villion, dans le sol plus pauvre, mais plus caillouteux de sa garrigue.

Les Clintons francs de pied, mauvais dans cette dernière propriété, nourrissaient dans la même ligne, comme porte-greffes, des vignes très-vigoureuses, semblant indiquer ainsi que chez eux la racine était bonne, et que la tige seule éprouvait de la souffrance.

Une remarque identique pouvait être faite au Vivier, près de Montpellier, chez M. Pagézy. Dans cette belle plantation de Clintons, greffés d'Aramons, tandis que les greffes sont encore belles, les Clintons de franc pied sont jaunes et maigres avec des radicelles mourantes qui sembleraient succomber au phylloxera, si l'on ne savait que, partout résistants et portant d'ailleurs à côté de superbes rameaux, leur mauvaise tenue est bien ici le fait du soleil et des hâles que leurs tiges supportent difficilement.

Les Taylors, qui aiment les sols frais et profonds, ont souffert chez M. H. Aiguillon, à Chibron, au point de faire présager leur fin prochaine ; et dans la fameuse expérience comme sur le coteau, ils se sont refaits et végètent aussi vigoureusement que le peut permettre une terre aride et sèche.

Chez M. Lugol, à Campuget, les Herbemonts, très-vigoureux dans la première pièce visitée, maigre, sèche, extrêmement caillouteuse, se montraient inférieurs dans le bon terrain qui précède le jardin.

K

Partout, au contraire, les Jacquez et le York-Madeira ont semblé réussir.

Conditions d'adaptation. — M. L. Vialla, que l'on doit toujours, dans cette question, citer au premier rang pour la valeur de ses études et la scrupuleuse exactitude qu'il y sait mettre, M. L. Vialla signalait à la Commission et à ses collègues de la Société d'agriculture de l'Hérault, au milieu « des mille influences de » sol et de climat auxquelles les cépages américains se » montrent si sensibles, » celle de la silice et du fer.

Il a observé que, même dans les cailloux les plus maigres, accompagnés d'une terre silico-ferrugineuse, tous les cépages américains viennent et se maintiennent en bonne santé.

La nature caillouteuse n'est pas indispensable; mais pour beaucoup, la présence de la silice, celle du fer surtout, est absolument nécessaire.

Ainsi, le Concord, Nortons-Virginia, Cynthiana, se contentent des sols les plus pauvres, pourvu qu'ils soient silico-ferrugineux. A ce point de vue, on peut les considérer comme de véritables pierres de touche. Où ils prospèrent, tous les autres cépages américains réussissent.

Le Clinton, le Taylor, recherchent les sols frais; mais ils végètent bien dans les terres maigres argilo-calcaires, pourvu qu'elles soient rougeâtres, c'est-à-dire ferrugineuses.

Dans ces conditions, le Clinton-Vialla, le Francklin, le Cordifolia sauvage, le Cordifolia Solonis, bien que perdant ses feuilles au soleil, le York-Madeira, réussissent.

On en peut dire autant du Jacquez, du Cunningham, Black-July, Cûlander, qui se montrent moins difficiles, sans cependant qu'aucun d'eux puisse bien venir dans un sol tout à fait blanc.

Dans les terrains argileux, presque tous vivent conve-

nablement; mais ceux dont on obtiendrait le plus de succès seraient encore le Jacquez, Cunningham, Taylor et
Francklin.

Nous avons trouvé chez M. E. Planchon, à son domaine
de Lichtenstein, la confirmation très-nette des données de
M. L. Vialla.

Dans un carré de vignes américaines, dont le sol est varié
de composition, le Taylor, le Clinton, le Concord, se montrent parfaitement verts et vigoureux sur tous les points
où la teinte rouge est accusée dans le sol argilo-calcaire,
dit de garrigue, tandis que le Clinton et le Concord ont
jauni et dépéri sur les points où la terre calcaire, maigre
et friable n'offre qu'une teinte blanchâtre.

Dans une autre pièce de terre, où le sol maigre, calcaire, est uniformément blanchâtre, le Cordifolia sauvage,
le Francklin, le Taylor, le Cornucopia ont réussi; tandis que
le Clinton, le Marion, et surtout l'Eumélan, ont plus ou
moins dépéri par la chlorose, ou la maladie dite cotis dans
les Charentes.

La jaunisse attaque souvent, au printemps, les vignes
américaines; et la teinte jaune persistante est la première
manifestation de leurs souffrances. Nous avons vu que certains indices — comme la vigueur des greffes, à côté de
francs pieds malades — laissaient à penser que la tige seule
était éprouvée : ainsi le Clinton jaunit, le Solonis perd ses
feuilles. Ces inconvénients, assez graves dans la culture
directe, disparaîtraient par le greffage, et la question serait
alors un peu simplifiée.

Mais le fait n'est pas bien établi par des essais d'une
durée suffisante.

L'appropriation des cépages au sol dont on dispose
demeure donc une des préoccupations sérieuses de la
culture.

Elle existait bien, ainsi qu'on l'a fait remarquer, pour
nos anciens plants; « mais ici, dit M. L. Vialla, elle dépasse

» de beaucoup, celle que nous avions l'habitude de voir, »
pour ceux-ci. Et, fait observer M. H. Marès, avec beaucoup de force, un Aramon, par exemple, suivant les conditions de sol ou de climat où il était placé, donnait des
fruits plus ou moins abondants ou savoureux, sa tige prenait une végétation plus ou moins vigoureuse ; mais quel
que fût son développement, il demeurait sain et bien
portant. La vigne américaine, au contraire, placée en
dehors de certaines conditions, particulières à chaque
espèce, souffre et peut mourir, rendant ainsi inutile la
vertu de résistance la mieux constatée.

Celle-ci même se trouve, dans bien des cas mise en
doute, car le phylloxera accompagne presque toujours ces
vignes maladives ; et il est difficile, pour beaucoup, de
démêler la part du sol et celle de l'insecte. C'est ainsi que
M. Mouillefert, l'un de nos collègues les plus observateurs,
dans les exemples déjà cités de sujets américains mal
venants, comme les Concords de M. E. Perre, les Clintons
de MM. Villion, Pagézy, le Taylor de M. Meunier, l'Ives-
seedling de M. Reich, l'Herbemont de M. Lugol, etc., montrait les racines de ces plants chargées de phylloxeras et en
assez mauvais état, tandis que peu d'insectes se trouvaient
à côté sur les individus bien portants. Souvent même alors
ses actives recherches demeuraient sans résultat, à ce point
que, négligeant les sujets malades, ou les témoins français morts ou mourants, on eût pu douter que la vigne fût
ou eût été phylloxérée. D'ailleurs, affirment à ce sujet
MM. Reich et Lugol, le phylloxera, toujours moins abondant sur les vignes américaines que sur les nôtres, dans
leurs jeunes années, semble disparaître peu à peu avec
l'âge de la plantation.

Quoi qu'il en soit de ces affirmations maintes fois renou-
velées, un fait indéniable c'est l'affection du phylloxera
pour certains plants et sa multiplication beaucoup plus
abondante sur eux que sur d'autres. C'est ce que M. H.

Marès définit très-clairement par cette expression, si énergique dans son irrégularité, qu'il est des plants qui *font* du phylloxera ; et il conseille avec raison de choisir, pour la culture, ceux qui *n'en font* pas, la résistance devant être d'autant mieux assurée qu'elle sera soumise à moins d'épreuves. Par suite, il recommande spécialement l'York-Madeira, très-vigoureux et cultivé par lui depuis vingt ans, et le Riparia-Fabre, sur lesquels le phylloxera se montre rarement et qui végètent sur les plus mauvais coteaux (1).

Au point de vue du greffage, il y aura encore à faire probablement un important travail d'appropriation.

S'il est bien démontré que nos sarments français se nourrissent sur des pieds étrangers, et que ceux-ci n'ont aucune influence sur la qualité des fruits qu'ils portent, cette sorte d'indifférence du porte-greffe cesse peut-être s'il s'agit de la durée, de la vigueur et de l'abondance des produits. L'accord nécessaire entre les deux végétations, aérienne et souterraine, peut se faire plus ou moins prompt et complet. De même que, pour certaines espèces, les Æstivalis, par exemple, la reprise de bouture est difficile ; de même, entre certaines familles, la soudure des bois s'opère difficilement. A d'autres, au contraire, tel le Cunningham, on reproche d'étouffer le greffon par une séve trop abondante. Chez plusieurs, enfin, et des meilleurs, une difficulté pratique résulte de la maigreur des bois — c'est ce qui arrive pour le Clinton et le York-Madeira — et oblige à ne se servir que de plants d'un certain âge, ce qui prolonge les années d'attente.

Les exemples de greffage réussis et visités par la Commission ont été assez nombreux. M. Allien, avocat et con-

(1) (*Note de E. Planchon*). Dans le supplément de *La Vigne américaine* n°s d'août et octobre, M. Planchon a démontré que le Riparia-Fabre n'est pas autre chose que la forme de Cordifolia sauvage la plus fréquente dans les cultures ; et, d'accord en cela avec M. Millardet, il a proposé d'adopter le nom de Riparia pour ceux des Cordifolia qui, entre autres caractères, ont les feuilles plus ou moins lobées et inégalement incisées, dentées.

seiller général, a communiqué des résultats satisfaisants et
d'une certaine importance, obtenus principalement dans la
commune de Saint-Georges (Hérault). Malgré de belles
promesses, on ne peut s'empêcher de remarquer que ces
essais remontent à une, deux, et quelques-uns à trois
années au plus. Or, des hommes graves et des mieux
placés pour observer, tout en reconnaissant que la première et la deuxième année, les greffes sont dans la contrée, toujours superbes, craignent de les voir faiblir à la
troisième et disparaître peut-être promptement. Il y
a eu des insuccès. On cite, près de Montpellier, une plantation de 27 ares en chasselas greffés, sur Clinton et
Concord, d'abord très-belle, et qui, à sa troisième année de
greffage, ne présentait plus que des sarments courts et
sans aucun raisin.

Le plantier d'Aramons greffés sur Clinton, que nous
avons eu l'occasion de visiter chez M. Pagézy au Vivier,
commune de Jacone, canton de Castries, a été souvent cité
pour sa beauté. Arrachée en 1873, cette vigne a été
replantée en Clinton, dès février 1874 ; à leur troisième
feuille, du 29 avril aux premiers jours de mai, les Clintons
ont reçu des Aramons par la greffe en fente ; ces Aramons
sont donc à leur deuxième feuille. Les manquants ont été
remplacés l'année suivante ; ils étaient dans la proportion
de 40 p. 100 environ. Les plus vieux portent fruit et
rendraient sur le pied de 70 hectolitres à l'hectare. Les
greffes de cette année sont belles et l'on a pu mesurer sur
l'une d'elles un sarment de 4 mètres de long. Malgré tout,
l'aspect général est inégal. Les feuilles ont une teinte
jaunâtre, que plusieurs attribuent au sol argilo-calcaire
profond et assez riche, mais froid, et ne convenant pas aux
racines de Clinton. Les vignes françaises elles-mêmes jau-
nissaient, dit-on, souvent à cette place, en été. Les Clintons
greffés se portent mieux que ceux de franc pied, dont les racines sont en mauvais état, bien que le cœur se conserve bon.

Sur une belle souche fouillée, on trouve l'insecte, les renflements et nodosités ordinaires. Le greffon a émis des racines; elles portent le phylloxera, sont fort malades et le chevelu a disparu. Cette dernière particularité, il est vrai, n'a rien de surprenant à cette époque de l'année.

Plusieurs membres de la Commission avaient déjà visité cette plantation que chacun s'accordait à trouver fort belle; or, pour eux, loin d'avoir gagné, elle subirait en ce moment une dépression sensible.

Dans une seconde pièce complantée de Clintons et Concords, ceux-ci ont presque disparu. Ceux qui restent sont fort jaunes; les Clintons francs de pied ont aussi la jaunisse, leurs feuilles sont rabougries, les racines couvertes de renflements et beaucoup sont pourries. Les Clintons de deux ans ont été greffés en Aramon. Ces greffes d'un an sont d'un mauvais aspect; celles de l'année, au contraire, montrent des sarments de plusieurs mètres.

Dans une troisième pièce, dite Lebrugas, deux lignes d'Aramons, greffés de l'année sur des Taylors de deux ans, sont très-belles. A la suite, dans les mêmes conditions, viennent des Jacquez également greffés sur Taylor.

Le reste de la pièce, 1 hectare 1/4, est garni de Taylors à leur troisième année, et d'une bonne végétation. Quelques feuilles jaunes se montrent depuis le mois de juin seulement, paraît-il, dans les parties les plus argileuses.

Donc ici encore, toujours des doutes, dont l'avenir seul, mais un avenir prochain, nous l'espérons, donnera la solution.

L'école d'agriculture de la Gaillarde s'est vouée d'une façon toute spéciale à l'étude des plants américains, des vins qu'ils produisent, des procédés de greffage les plus avantageux à leur appliquer. Entourées des soins les plus entendus et les plus généreux, ces vignes exotiques trouvent là une terre classique où devront venir étudier ceux qui voudront connaître le maximum de ce que l'on en peut attendre.

Les études scientifiques dont elles sont l'objet trouveront partout leur application, grâce aux principes généraux qu'elles amèneront à formuler ; et c'est par elles déjà que la raison plausible de la résistance, due à M. Foex, nous a été fournie.

Au Mas de Las Sorres, les expériences si remarquables faites par la commission départementale de l'Hérault, présidée par M. H. Marès, et qui ont été confiées aux soins de deux de ses membres, MM. Durand et Jeannenot, professeurs à l'école d'agriculture de Montpellier, sans rien perdre de leur rigueur scientifique, sont établies sur d'autres bases. Elles offrent des exemples qui se rapprochent plus des conditions normales d'exploitation par le propriétaire (1).

---

(1) Classement des cépages américains plantés à Las Sorres en 1876 et 1877.

Le terrain a été défoncé à la bêche à la profondeur de 0m50. Les racines de la vigne françʼse ont été enlevées.

Les ceps rapprochés dans le tableau suivant n'ont reçu aucun traitement. Ils ont été fumés, à la dose de 5 kilog. de fumier d'écurie par cep, à la troisième année seulement, en 1878. Des façons convenables ont été données à la terre.

Cordifolia sauvage — 2 ans — longueur des sarments, 3 mètres à 4 m.
— solonis — 2 » — — 2 mètres à 3 m.
York-Madeira — 3 » — — 1 mètre 50 à 2 m.
Taylor — 3 » — — 1 mètre 50.

Apparence de points d'attaque, plusieurs pieds ont des sarments qui ne dépassent pas 0 mètre 50.

Clinton — 3 ans — longueur des sarments, 1 mètre 50.
Plusieurs pieds ont des sarments de moins de 0 mètre 50.

Jacquez — 3 ans — longueur des sarments, 1 mètre 30.
Plusieurs pieds sont visiblement affaiblis dans la partie de la vigne sud qui comprend un point d'attaque.

Cunningham — 3 ans — longueur des sarments, 1 mètre 30 à 1 m 50.
Rulander — 3 » — — 1 mètre 20.
Black-July — 3 » — — 1 mètre 20.
Alvey — 3 » — — 1 mètre 10.

NOTA. — M. Durand, professeur à l'école nationale d'agriculture, membre de la commission de l'Hérault, chargé des expériences, au Mas de Las Sorres, a bien voulu nous remettre cette note ainsi que d'autres qui trouveront place dans la suite de ce rapport ; qu'il veuille bien recevoir ici nos plus vifs remercîments.

« Malgré tous ces exemples, avant de planter des vignes
» américaines de quelque étendue, dit M. Vialla, les viti-
» culteurs' agiront sagement en faisant des essais préala-
» bles, afin de connaître les variétés les plus capables de
» réussir sur leurs domaines. Les études générales, les
» informations recueillies dans les contrées voisines ne
» seront pas toujours suffisantes et pourraient donner lieu
» à des erreurs funestes. Les cépages américains parais-
» sent très-facilement impressionnés par les différences
» qu'ils rencontrent, soit dans les climats, soit dans les
» terrains. Des expériences locales, personnelles, seront le
» meilleur moyen de prévenir les erreurs qu'on pourrait
» commettre et les déceptions qui en seraient la suite. »

Il est nécessaire que cette recommandation si sage soit
suivie dans les pays encore indemnes où peu attaqués, qui
cependant doivent se garder, par-dessus tout, d'introduire
chez eux des plants, américains ou autres, de provenance
phylloxérée. C'est à l'aide de semis bien entendus qu'ils
pourront procéder. Moyen fort long pour la création de
nouvelles variétés, très-imparfait, incertain même, s'il s'agit
d'en reproduire le semis, pour l'objet spécial auquel on le
destine ici, il donne des résultats suffisants. Les pepins
de variétés types résistantes, éloignées de toute cause
d'hybridations, fournissent en effet, d'après les expérimentateurs autorisés, de jeunes plants vigoureux qui repro-
duisent fidèlement les caractères essentiels de leurs auteurs.

Contre les vignes étrangères, bien des préjugés restent
à vaincre. Les désastres qu'elles ont causés enlèvent trop
souvent, aux pays qui n'ont point souffert, toute confiance
dans les services qu'on attend d'elles.

Ailleurs, au contraire, l'espoir, ranimé par des succès par-
tiels, a malheureusement ouvert à la spéculation un champ
dont elle a vite abusé. Les promesses exagérées faites par
elle au nom de plants américains quelconque, ses mauvaises fournitures, l'insuccès, fruit de telles pratiques, ont

réagi sur la véritable question et lui ont nui en l'exploitant, au lieu de la servir. Le jour où les hommes d'initiative et d'intelligence, les savants qui sont à la tête du mouvement auront réussi à chasser les vendeurs du temple, ils auront rendu à la cause juste qu'ils servent un signalé service.

Loin de notre pensée tout blâme à l'adresse des viticulteurs qui, dès maintenant en mesure de livrer des produits de leurs cultures, deviennent par là même marchands de plants américains. Il est des ceps, nous a-t-on dit, dont la rente annuelle en boutures peut varier de 10 à 100 francs. Comment reprocherait-on à des hommes qui ont touché la ruine, fait des essais longs et coûteux, de profiter d'une moisson de bois si avantageuse pour combler les pertes accumulées par le manque de plusieurs récoltes de raisins ? Grâce à eux, au contraire, les premières dépenses, chanceuses et peut-être considérables, qu'ils ont dû faire, pourraient se présenter à leurs imitateurs dans des conditions de sécurité enviables et de bon marché relatif. « Mais, dit » M. Gaston Bazille, on doit exiger d'eux plus de mesure » que de tout autre ; ils ne doivent point escompter l'avenir » en affirmant la résistance absolue et illimité des cé- » pages qu'ils annoncent », en prônant, ajouterons-nous, des qualités mal établies, et qu'un simple changement de lieu peut faire disparaître.

Nous croyons ne pas nous éloigner trop des jugements, tant de la Commission que des hommes considérables entendus par elle, en avançant que la question des vignes américaines n'est pas encore entièrement sortie de la période des essais, essais pleins de promesses, il est vrai, mais qui attendent du temps, avec le dernier trait l'explication de certaines défaillances et la consécration de leurs succès.

La résistance suffisante aux atteintes du phylloxera peut dès maintenant, pour plusieurs espèces, être considérée comme certaine ; mais les questions d'adaptation aux divers sols restent à résoudre ; les meilleurs procédés de culture à bien définir ; les doutes sur la durée des greffages, la constance et l'abondance de leurs produits, à dissiper.

Les études très-avancées et en bonnes mains pour la région méridionale et du Sud-Ouest, sont complétement à faire pour les provinces viticoles du Centre, de l'Est et du Nord-Est.

Un temps plus ou moins long s'écoulera donc encore avant que l'on ne puisse, en toute sécurité, présenter les vignes américaines résistantes, porte-greffes éprouvés de nos anciens cépages, comme un moyen général sûr et pratique de conservation où de reconstitution des vignobles attaqués ou frappés de mort.

Avancer avec prudence dans les pays phylloxérés ; se préparer à la lutte, à l'aide des semis et d'études sérieuses, dans les pays encore indemnes ; attendre un peu partout, en travaillant toutefois les solutions que l'on espère prochaines, telle nous semble, aujourd'hui, la meilleure conduite à tenir dans cette question, si controversée, de la culture et de l'emploi des vignes américaines.

CHAPITRE II

DES INSECTICIDES

Comment la maladie amène la mort de la vigne. — Le phylloxera, avons-nous dit, est la cause première de la maladie de la vigne et de sa mort. Il faut donc tout d'abord s'en débarrasser.

La maladie, suite des piqûres de l'insecte, se manifeste par la pourriture des racines et leur destruction.

C'est la destruction des racines, ses nourrices naturelles, qui amène la mort de la plante : elle meurt d'inanition.

La mort de l'arbuste arrive d'autant plus vite que les attaques sont plus nombreuses, plus répétées ou plus générales ; que, par le fait du sol ou du climat, de nouvelles racines plus lentement formées remplacent moins complétement, dans leur fonction nutritive nécessaire, celles que la pourriture a envahies ou détruites, et dans tous les cas frappées d'impuissance.

La vie se prolonge au contraire d'autant plus que les attaques sont moins nombreuses, moins répétées ou générales ; que les conditions de sol et de climat, plus favorables à la végétation souterraine, facilitent l'émission plus rapide de nouvelles racines qui, se substituant aux anciennes, assurent dans une proportion plus grande la nutrition de l'arbuste.

La vie de la vigne, en présence du phylloxera, est ainsi avant tout une question de nutrition.

Les traitements auront donc pour but de créer à cette fin les conditions les plus favorables :

1º En assurant la conservation des racines saines, par la destruction de l'insecte.

2º En favorisant, pour la convalescence, la restauration et le remplacement des organes lésés ou détruits.

Admettons un instant que le premier point soit obtenu. Le phylloxera est anéanti. La vigne est maintenant livrée à ses forces naturelles.

Le retour à la santé est-il assuré ?

La guérison serait-elle immédiate ?

Un simple coup d'œil jeté sur ce qui se passe, permet ici de répondre.

Voici une vigne dont tout le système radiculaire est détruit. Complétement épuisée, elle végète encore, si je puis dire, par une sorte d'habitude. Frappée au cœur, rien ne saurait la racheter : elle succombera fatalement.

Chez telle autre, fort malade aussi, le chevelu a disparu, les radicelles sont mortes, les racines elles-mêmes, attaquées et pourries, ne présentent plus que quelques parties saines comme le pivot. Autour de celles-ci, à l'abri de nouvelles attaques et grâce à la vitalité puissante dont la vigne est douée, un nouveau chevelu commence à se former. L'année suivante des radicelles plus fortes se montrent, le système radiculaire se reconstitue peu à peu. Après un temps d'arrêt plus ou moins long la santé sera revenue.

Il en est enfin, que les atteintes de leur cruel ennemi ont à peine touchées. La presque totalité des racines est demeurée nette. Toute attaque ayant cessé, les pertes se répareront vite, et c'est tout au plus si l'état de santé aura paru un moment suspendu.

La végétation aérienne traduit fidèlement aux regards les états différents que nous venons de décrire.

Sur les premiers ceps envahis, nommés pour cela foyer où point d'attaque, la couleur jaune des feuilles est le premier signe apparent de souffrance. Elle forme tache, sur la nappe verdoyante des vignes bien portantes ; elle s'étend de proche en proche, comme une tache d'huile, dit M. Gaston Bazille, en suivant pas à pas l'invasion souterraine dont elle est le symptôme. La végétation fléchit à son tour ;

elle se déprime et d'autant plus que l'état morbide est plus prononcé ou plus ancien. C'est alors que, selon le mot expressif de M. le Dr Fatio, *la cuvette* se forme. Le foyer, dont les rameaux sont rabougris, en occupe le fond, tandis que les bords se relèvent, par gradation, jusqu'au niveau des pieds épargnés et de hauteur normale.

Dans les premiers temps, la vigne attaquée conserve encore son bel aspect ; aussi, pour la période de maladie, la traduction aérienne, par la couleur ou la vigueur des sarments, a-t-elle toujours un retard sensible sur les faits souterrains qu'elle manifeste (1).

Dans la période de convalescence il en sera de même ; et l'amélioration des racines sera déjà avancée, lorsque la végétation des pampres apportera ses premières preuves.

La couleur, dans les deux cas, est le premier indice à observer. Jaune pendant la maladie, elle redevient verte dès que commence le retour à la santé.

La tache d'huile s'efface donc la première ; *la cuvette* reste encore, témoignant des souffrances passées ; elle ne disparaît qu'après la reconstitution très-avancée du pied, alors que celui-ci envoie avec une séve plus abondante la matière de rameaux plus élevés, dont il assurera désormais la conservation.

La marche que nous venons d'indiquer se retrouve d'une manière constante dans tous les traitements. Elle est plus ou moins rapide, suivant l'état maladif plus ou moins avancé de la vigne, au moment où elle est soustraite aux attaques de son ennemi.

Elle dépend aussi de la préservation obtenue plus ou moins complète contre une nouvelle invasion ; car l'hypothèse que nous avons faite, d'une destruction totale de l'insecte, n'a pu encore être réalisée.

(1) C'est même là un de ces obstacles que la plus active vigilance doit s'efforcer de tourner. Trop souvent, quand des signes ostensibles le manifestent au dehors, l'ennemi est déjà bien installé dans la place, nous enlevant ainsi nos meilleures chances de défense.

Elle résulte enfin de la vigueur native du sujet en expérimentation, et dans la plus large mesure, croyons-nous, des qualités du sol, plus où moins *racinant*, de l'influence bonne où mauvaise qu'exerce le climat sur cette propriété.

Dans tous les cas, le retour à une végétation normale ne sera jamais la conséquence immédiate d'une destruction, même la mieux réussie du phylloxera.

Quel que soit donc le procédé de guérison employé, nous aurons deux phases distinctes à parcourir.

La première occupée à détruire l'insecte, pour enlever les causes première et prochaine de maladie ; la seconde s'écoulant à attendre du temps et des forces naturelles l'arrêt du mal et la restauration des parties détruites.

Attendre n'est pas forcément rester inactif ; nous devrons aider le travail naturel, et ici les moyens nous sont tout indiqués.

La vigne, avons-nous dit, meurt d'inanition : il faut la nourrir.

Or, ce qui lui manque, ce sont précisément les organes de nutrition en partie détruits ou singulièrement affaiblis ; nous devrons donc faciliter leur service, en offrant à ces organes insuffisants par le nombre ou l'énergie, une nourriture appropriée, abondante et facilement absorbable.

De là, pour nous, la nécessité non-seulement de fumer, mais de choisir avec soin la fumure à donner.

En résumé, le traitement des vignes malades du phylloxera, quel qu'il soit d'ailleurs, comprendra toujours deux opérations distinctes :

1° L'application de l'insecticide lui-même ;

2° L'application de fumures rationnelles, inutiles seulement là où le sol serait doué d'une fertilité propre, bien rarement suffisante.

Des fumures. — De ces fumures nous n'avons rien à dire ici de particulier. Elles varient avec chaque contrée,

suivant les besoins du sol et les substances dont le viticulteur dispose. La proportion de chaque élément, le choix
raisonné des matières qui doivent les fournir, sont déduits
de la théorie générale des engrais et ne peuvent être bien
définis, pour chaque cas, qu'à l'aide d'études locales. Celles
de M. le professeur Audoynaud, de M. H. Marès, de la
Société d'agriculture de l'Hérault, à Montpellier, de
M. Boyer à Nîmes, du Comité d'études de P. L. M. à
Marseille, de l'Association viticole de Libourne et de son
savant secrétaire E. Fallières, du Dʳ Ménudier à Saintes, etc.,
ont chacune, pour les pays où elles ont été faites, suffisamment éclairé la question. Disons seulement que les meilleures consistent en général dans le mélange pondéré de
matières organiques et de sels ou engrais chimiques, livrant à la végétation l'azote, la potasse et l'acide phosphorique nécessaires.

Nous citerons, à l'occasion de chaque traitement, les
formules que la Commission a pu recueillir.

Le rôle des fumures, dans le traitement des vignes phylloxérées, a été tour à tour exagéré et méconnu.

En bien des contrées, la vigne est peu où point fumée.
Sa grande rusticité lui permet de vivre dans des sols du plus
misérable aspect. Aussi ne s'est-on pas toujours assez rendu
compte de la générosité avec laquelle elle reconnaît les
soins qui lui sont donnés.

Forcés d'appliquer des insecticides coûteux, de trop
nombreux expérimentateurs se sont arrêtés là, et ont reculé devant la dépense nouvelle d'une fumure, dont leur
vigne n'était pas coutumière. Ils n'ont point songé, que
privée pour un temps de ces puissantes racines qui allaient
au loin, dans toutes les directions rechercher et préparer
ses aliments, il fallait mettre ceux-ci à sa portée et sous
la forme la plus prête. La vigne alors faiblement nourrie,
se remettait lentement. Était-elle surprise par une nouvelle attaque, elle succombait ; et l'insecticide accusé d'im-

puissance, se voyait reprocher un insuccès dont il n'était point cause.

D'autres au contraire, répudiant avec raison une parcimonie mal entendue, ont cru même y voir une des circonstances déterminantes de la maladie de la vigne. Ils ont essayé de combattre sa prétendue dégénérescence à l'aide d'engrais abondants et riches.

L'importance de la nutrition est telle, que la vigne surexcitée et mise en mesure de réparer ses pertes, s'est longuement défendue, faisant naître ainsi l'espoir d'un succès, qu'une expérimentation plus complète a par la suite démenti.

M. H. Marès a été, à Montpellier, l'énergique et savant promoteur des fortes fumures. Dans sa belle propriété de Launac, avant l'invasion phylloxérique constatée en 1872, il fumait régulièrement tous les trois ans; et ses vignes en retour lui donnaient des récoltes de 200 hectolitres et plus, à l'hectare. Depuis, voulant les mettre à même de réparer les pertes que leur causait l'insecte, et espérant le gagner de vitesse, il se prit à fumer tous les ans, associant à ses engrais ordinaires, des marcs de soude, des sels de potasse, sous la forme de sulfure de potassium. Ce dernier sel ajoutait aux fumiers une certaine puissance insecticide, mais son prix était trop élevé. Plein de confiance en son action, M. H. Marès en fit fabriquer lui-même, en calcinant, dans un four à réverbère, les potasses brutes du commerce avec moitié ou un tiers de soufre. Il obtint ainsi, ce qu'il a nommé le sulfure agricole, qui depuis a rendu tant de services. Or, malgré tous les moyens mis en œuvre, la destruction fut bientôt complète dans toute la partie haute du domaine et M. H. Marès, concentrant ses efforts sur ce qui restait en plaine, fit appel, comme nous le verrons, aux divers insecticides.

A Saint-Sauveur, M. Gaston Bazille voulut aussi par de

copieuses fumures, disputer à l'ennemi ses belles vignes sur
coteaux. Toute cette portion du vignoble est depuis un
certain temps détruite. L'invasion remonte à 1873 ; et une
seule pièce, celle des Carrières, se trouve encore à l'état de
résistance, grâce aux engrais. Elle est complantée d'Aramon et de Carignane, belle et assez vigoureuse elle fournit
de bonnes récoltes bien que, ci et là, un cep disparaisse.
Elle est fumée avec un compost formé de bon fumier d'é-
table pour moitié, et de cendres, suies et chaux d'épura-
tion pour l'autre moitié. Un arrosage d'été, donné au pied
de chaque cep avec cinq où six litres d'urine de vache
achève le traitement. Plusieurs fouilles opérées, n'ont
amené la découverte d'insectes qu'à la troisième souche.

Cette vigne, disons-le, est située dans un fonds fertile
et frais, bien qu'il ne puisse pas, comme le reste du vignoble, être soumis à la submersion.

Le domaine, désormais célèbre du Mas de las Sorres ;
appartient à M. Michel Fermaud qui le loue à la Commission
départementale de l'Hérault pour l'étude de la maladie de
la vigne. Le sol, autrefois en prairies, est argilo-calcaire,
à grains fins, non caillouteux, d'une grande épaisseur et
très-perméable ; à une profondeur variant entre $1^m 50$ et
2 mètres se trouve une couche d'eau servant en toute saison à l'alimentation des puits des campagnes environnantes,
C'est en 1872 que le phylloxera y fut découvert et que des
expériences y furent établies, en vue de juger la valeur des
divers procédés proposés pour arrêter la marche du
fléau.

C'est là, que depuis sept ans, grâce à des subventions
annuelles allouées par le Ministère de l'agriculture, la Commission a pu appliquer comparativement sur 3 hectares
environ, plus de trois cents procédés de guérison, choisis
parmi les plus pratiques et les moins excentriques de ceux
qui ont été présentés aux concours de 20,000 et de

300,000 francs proposés par le gouvernement pour la conservation des vignes phylloxérées et leur reconstitution.

On ne trouverait sans doute pas ailleurs une série d'expériences aussi méthodiques, remontant à une époque
antérieure et faites avec autant d'esprit de suite.

Dans ce champ d'expérience, justement nommé le
cimetière des inventions, les essais proposés par la commission de l'Hérault et dirigés avec tant de talent et d'exactitude par MM. H. Marès, E. Durand et Jeannenot, donnè-
rent une place importante aux fumures. C'est à elles que
jusqu'à ces derniers temps, en présence de l'impuissance
généralement constatée, les meilleurs résultats ont été
dus. Le sulfure de potassium agricole préparé par M. Hu-
gounencq de Lodève, dissous dans le purin ou dans l'eau ;
la suie, les cendres, le savon noir, seuls ou alliés au fumier
d'étable ont presque toujours constitué la vigne à l'état de
défense relative. La vigueur soutenue de certains carrés,
a même longtemps donné l'espoir de pouvoir, dans ce sol
racinant, maintenir la vigne en récoltes et santé, malgré
la présence de l'insecte. Les renseignements les plus circonstanciés se trouvent dans les très-remarquables rapports que, chaque année, la commission publie sur ses travaux : nous ne pouvons malheureusement les donner ici.
Qu'il nous suffise de dire, que le phylloxera a fini par
prendre le dessus. Les carrés qui, depuis cinq, six et sept
ans, avaient laissé le plus d'espérances, comme ceux traités avec 5 kilog. de fumier, 500 gr. de savon noir et 10
litres d'eau par cep (1) ; ceux ou la suie était associée au fumier, etc., etc., sont aujourd'hui en voie de décroissance
très-marquée. Celui qui cette année a la meilleure tenue,

(1) Vigne du Sud. — Le carré n₀ 1 au savon de potasse dissous dans
l'eau a beaucoup baissé, mais aucun cep n'est mort. Le feuillage n'a pas
jauni.

1877 — 99 k. raisins — 1 m. 10 long. des sarments.
1878 — 11.800 » — 0 m. 50. —

a reçu un mélange d'urine de vache et de sulfure de potassium : à d'autres époques, il restait inférieur aux précédents (1).

Mais l'exemple le plus saisissant de l'action conservatrice relative, due aux engrais, se trouve dans cette partie du domaine qu'exploite directement le propriétaire.

A la suite d'un partage, moitié d'une même vigne échut à M. Michel Fermaud, l'autre moitié à son beau-frère. Ce dernier abandonna sa vigne, sans autres soins, à la culture ordinaire. M. Michel Fermaud, au contraire disait en 1876 le rapport de M. H. Marès, « témoin des résultats obtenus » par l'emploi des engrais mélangés au sulfure de potas- » sium, en a fait l'application à ses cultures. Depuis cinq » ans son vignoble est envahi, mais il est resté dans un » état de conservation, de résistance et de fructification » encore satisfaisants. Ainsi en 1876, malgré la gelée du » 14 avril qui fit périr, ainsi que nous l'avons constaté, » presque tous les bourgeons à fruit déjà sortis, les vignes » de M. Michel Fermaud ont encore produit 70 hectolitres » de vin par hectare. En 1875, la quantité fut presque » double; et sans la gelée, le résultat eût été le même » en 1876. M. Fermaud est cependant un propriétaire » qui cultive lui-même son bien, et qui n'applique les en- » grais et les sels de potasse que parce qu'il y trouve un grand » avantage. Son exemple est d'autant plus remarquable » que dans le tènement où elles se trouvent, ses vignes » sont aujourd'hui les seules qui soient restées à l'état de » conservation et de production. Des vignes voisines, » plantées dans le même sol, sont mortes ou étiolées. »

(1) Vigne du Sud. — Carré n° 5 ; urine et sulfure de potassium et 5 kg. de fumier en 1877 et 1878.

    1877 — raisins 15 k. long. des sarments 1 m. »
    1878 — » 54 k. » » 1 m. 10

Les autres carrés n°s 2, 3, 4, traités au sulfure de potassium, sans urine, mais avec fumier, se sont maintenus. Le poids du raisin a peu augmenté; la longueur des sarments est restée sensiblement la même.

Aujourd'hui, en 1878, la vigne du beau-frère de M. Fermaud est morte et arrachée. Celle de M. Michel Fermaud
est encore bonne, chargée de raisins; bien que la tache
augmente et que l'ensemble, au dire de tous les visiteurs,
subisse maintenant une dépression très-sensible. Chaque
cep de cette vigne, que son propriétaire a commencé à
traiter dès les débuts de l'invasion, a reçu tous les ans,
depuis 1873, 5 kilog. de fumier de ferme et 100 gramm. de
sulfure de potassium agricole, auquel il a été substitué,
l'an dernier, dans un but d'économie, un même poids de
chlorure de potassium, — trois à quatre litres d'urine de
vache ont été en outre répandus au pied de chacun des ceps
qui se trouvaient au centre des points d'attaque. Ce traitement revient à M. Michel Fermaud à 500 fr. par hectare (1).

Le temps est venu, où l'application d'un insecticide est
nécessaire à sa conservation.

Sans multiplier les exemples remarquons :

Que malgré l'application la mieux entendue de ces fumures sulfureuses et potassiques, la vigne sur coteaux, ou
terrains secs, à Launac comme à Saint-Sauveur, n'a pu être
préservée.

Qu'aux mains des mêmes expérimentateurs, dans des
terrains frais, racinants, c'est-à-dire favorables à une active
végétation souterraine, à Launac, comme à Saint-Sauveur,
comme au Mas de las Sorres, les mêmes fumures, bien
qu'à des degrés divers, ont maintenu les vignes un certain
temps à l'état de résistance.

Que cependant, dans les milieux mêmes les plus favorables, la maladie gagne peu à peu, et qu'il est aisé de

(1) Les récoltes ont été les suivantes :

1876	—	100 hectolitres.
1877	—	106 »
1878	—	56 à l'hectare.

Cette dernière récolte à 20 fr. l'hectol. donne 1120 fr. par hectare. Le
bénéfice est encore bien suffisant pour que le propriétaire s'empresse de
continuer à traiter sa vigne par le même procédé.

prévoir le moment ou devenue maîtresse, la vigne devra disparaître.

Concluons donc, avec le Congrès de Lausanne : « Qu'il » a été bien reconnu que les engrais, même les plus puis- » sants, ne peuvent pas guérir une vigne infectée. Indif- » férents au parasite, ils ne peuvent pas empêcher celui-ci » de s'attaquer à un cep, fût-il même des plus robustes et » dans les meilleures conditions; tout au plus pourront-ils » soutenir un peu, mais tout à fait temporairement, une » plante attaquée. »

Nous avons vu en commençant ce chapitre, pourquoi il en est ainsi ; redisons en finissant combien leur action est utile, nécessaire même, pour compléter l'action des insecticides dont nous allons nous occuper.

Notions générales sur les procédés de destruction du phylloxera. — Se débarrasser de l'insecte, avons-nous dit, voilà le grand objectif, le premier point à obtenir pour assurer la défense de nos vignes et permettre plus tard leur restauration. Pour y atteindre, des moyens nombreux et variés ont été proposés.

On a voulu éloigner le phylloxera : soit en le chassant par le voisinage de plantes intercalaires à odeur désagréable comme le chanvre, l'ail, le lupin, la belladone, la valériane, le pyrèthre, la camomille, soit en l'attirant au contraire, aux pieds de plantes préférées, comme le maïs rouge, le fraisier ananas...

L'expérience, par des résultats satisfaisants, n'a point sanctionné de pareilles tentatives. Le phylloxera, en effet, s'obstine où il se trouve; il y souffre et meurt, incapable de fuir ou de subir un entraînement.

Ne pouvant l'éloigner, on a voulu le détruire ; et l'idée de s'adresser pour cela à ses ennemis naturels a semblé des plus simples. « On a mis en avant, soit en Amérique, » soit en Europe, dit M. le Dr Fatio, une foule de petits » insectes ou d'arachnides, plus particulièrement d'acca-

» riens qui, les uns à l'air libre, les autres dans la terre,
» peuvent s'attaquer au phylloxera, tantôt à l'état d'ailé
» ou de gallicole, sur les feuilles et le bois, tantôt sous la
» forme radicicole sur les racines. Mais s'il est prouvé que
» telle espèce peut s'attaquer au phylloxera dans de cer-
» taines conditions, il n'est pas démontré cependant qu'elle
» se nourrisse assez exclusivement de ce puceron pour lui
» faire une guerre acharnée et soutenue. Ce premier point
» étant admis, comment favoriser un développement suffi-
» sant du petit carnassier auquel on voudrait confier le soin
» de la défense de nos vignobles; et comment supposer
» qu'une espèce quelconque, pourrait jamais consommer
» assez complétement celle qui doit lui servir de nourriture
» pour arriver ainsi à se détruire elle-même. »

Quelque ingénieuse que fût l'idée, le conseil du bon
La Fontaine :

Ne t'attends qu'à toi seul. C'est un commun proverbe,

parût encore plus sûr, et délaissant des auxiliaires de vertu
si douteuse, le viticulteur se chargea lui-même de la destruction.

L'ensemble des moyens que pour cela il emploie constitue le traitement.

L'expérience acquise dans de malheureux essais, l'étude
plus attentive des mœurs de l'insecte, la connaissance de
ses effrayantes facultés de reproduction, ont amené à cette
conclusion : qu'une destruction, sinon complète du moins
efficace, ne peut être obtenue qu'en créant, autour de l'ennemi, un milieu absolument inhabitable et pour lui sans
retraite possible.

Le phylloxera habitant sur toutes les racines, il s'ensuit
que le milieu a créer devra comprendre tout le cube de
terre occupé par ces racines. Dans l'état de plantation de
nos vignobles ceci revient à dire que le traitement à l'aide
duquel le milieu sera créé ne se concentrera pas autour du

cep malade, mais s'étendra à la surface entière du sol complanté.

Cette conclusion, dictée par le plus simple raisonnement, est affirmée par une pratique constante. Sa nécessité est démontrée par les faits les mieux établis.

Elle définit immédiatement sous quel état devront se trouver les substances agissant dans le traitement. Des liquides, en quantité suffisante pour imprégner entièrement le cube de terrain, ou des gaz, le pénétrant grâce à la tension de leurs vapeurs, peuvent seuls, en effet, remplir ces conditions et créer, sans laisser aucune issue, le milieu reconnu nécessaire.

La nature de celui-ci détermine le genre de mort.

Ce milieu est-il seulement privé des éléments de la vie ? La mort vient par asphyxie. S'il est au contraire rendu délétère ou destructeur de l'organisme vital, la mort arrive par intoxication, et tel est le rôle des insecticides proprement dits. La première condition ne se rencontre que dans la submersion.

Les substances toxiques sont très-nombreuses, et il semblerait par là que les traitements insecticides dussent présenter une grande variété. Mais les décompositions dont beaucoup sont atteints dans le sol, les conditions économiques d'emploi, ont achevé l'élimination, déjà si grande, faite par les conditions que nous avons montrées nécessaires au traitement ; et, de fait, jusqu'à ces derniers temps, un seul toxique a tout particulièrement attiré l'attention et donné des résultats encourageants : c'est le sulfure de carbone.

Ses procédés d'application ont varié. Insufflé à l'état gazeux, déposé liquide dans des trous régulièrement percés, retenu dans des combinaisons chimiques, comme dans les sulfo-carbonates alcalins, emprisonné dans des poudres où des substances solides, bois ou gélatine, ses effets ont pu varier avec la forme, mais le principe actif, dans tous les essais, est toujours resté le même : ses vapeurs régulièrement diffusées, et créant, dans tout le sol occupé par la vigne, un milieu toxique.

Bien que les poudres engrais à émanations sulfureuses et arsénicales, proposées par M. de la Loyère, l'acide sulfureux anhydre de MM. Raoul Pictet et Cie, expérimentés par M. le professeur Deny-Monnier, semblent ouvrir une voie nouvelle, les essais qui en ont été faits sont trop récents pour permettre un jugement équitable, la Commission n'a pas eu l'occasion de les étudier.

Les traitements que nous venons d'indiquer s'exercent sur le sol et n'attaquent par conséquent l'insecte que dans sa vie souterraine. Or, nous savons tous que le phylloxera a une vie aérienne dont certains points restent encore assez obscurs.

C'est sur la tige, entre les exfoliations du tronc, que se trouve déposé l'œuf d'hiver, dans les rares contrées où son existence a pu être constatée. C'est sur la tige que vivent, un certain temps du moins, les insectes régénérés, issus de l'œuf d'hiver, qui continuent la reproduction de l'espèce. Or ces insectes sont identiques à ceux des racines. Si certains d'entre eux continuent, dans les galles des feuilles, à vivre d'une vie aérienne, le plus grand nombre, à un moment donné, doit descendre grossir ou reconstituer les colonies hypogées. A quelle époque s'opère cette migration, peut-être hypothétique ? On l'ignore encore.

Aucun traitement n'a été dirigé contre le phylloxera dans sa vie aérienne, si l'on n'excepte les pratiques de décorticage et de badigeonnage.

Décorticage. — L'action du décorticage est hygiénique et dans le Libournais, la seule contrée où l'œuf d'hiver ait été rencontré sous l'écorce, elle pourrait avoir une certaine valeur, au point de vue de sa destruction. M. Sabatier qui a préconisé cette pratique s'en trouve bien, et ses vignes depuis plusieurs années se maintiennent en bon état.

Badigeonnage. — Le badigeonnage, système Boileau, dosé à 1/20 cent. d'huile lourde, détruit bien, dit-on, l'œuf d'hiver sans nuire au végétal, ce que l'on a reproché à beaucoup de badigeonnages. Ses effets sont appréciés par M. Vergniol, président de la commission d'expérience de l'Association viticole de Libourne, pour le canton de Pujols, en disant qu'il ne croit pas qu'il faille « l'abandonner si vite. » Mais, dit M. Baillou, d'accord avec les membres de la Commission qui ont visité son vignoble, « je reconnais néanmoins » qu'ils (les badigeonnages) sont loin d'avoir tenu tout ce » qu'ils promettaient en théorie ; et » que, malgré leur application, la régénération se produit » sans que nous ayons pu nous en expliquer les raisons. »

Le fait reste donc : il existe, en dehors des colonies souterraines censées détruites par le traitement, une population aérienne identique qui, avec les migrations bien constatées d'insectes aptères sur le sol, et celles venant de parties non traitées, constitueront deux causes constantes de prochaine réinfection. Tant que des études entomologiques plus avancées n'auront point fait connaître la nature certaine de ces causes, déterminé d'une façon précise les circonstances de leur action et donné le moyen de les paralyser, les vignes traitées souterrainement, par insecticides ou submersion, seront soumises à une nouvelle réinvasion annuelle, d'où découlera la nécessité de répéter annuellement les traitements.

Avant de passer à la description de ces divers traitements, résumons une dernière fois les conditions générales où tous devront se produire.

Submersion ou insecticides n'ont qu'un but : détruire l'insecte complétement ; ou, par une destruction partielle suffisante, maîtriser son action.

La surface entière de la vigne, pour une profondeur égale à celle où vivent les racines, doit être soumise au traitement.

Leur œuvre accomplie, submersion ou insecticides laissent la vigne dans la même situation. Sa végétation sera
plus où moins riche ou pauvre, suivant l'état où l'a prise
le traitement.

La restauration, rendue possible par le traitement, est
à peu près indépendante du procédé d'application. Elle doit
être attendue du temps, des causes naturelles et de soins
ultérieurs bien entendus.

DE LA SUBMERSION,

La submersion des vignes a pour but d'asphyxier le
phylloxera.

Or, le phylloxera est doué d'une vitalité telle qu'il résiste
longtemps sous l'eau; d'autant plus, d'après M. Balbiani,
que celle-ci est plus chargée d'air.

Un court passage à l'air, quelle qu'en soit la cause, suffit à
lui rendre de nouvelles forces, et lui permet de supporter,
sans mourir, une nouvelle immersion.

La submersion, pour être efficace, devra donc se continuer sans interruption jusqu'à ce que mort s'ensuive. Le
nombre, ici, ne peut en rien suppléer à la durée.

La durée nécessaire, pour produire l'asphyxie et la mort,
dépendra de l'état de l'insecte, plus sensible dans la période
de vie active que dans l'hibernation. Elle variera donc avec
l'époque d'application. D'après M. Faucon, l'auteur classique par excellence en fait de submersion, des expériences
nombreuses ont permis de fixer cette durée à trente-cinq
où quarante jours, en automne, et quarante cinq à cinquante jours en hiver.

L'eau renferme toujours une certaine proportion d'air
dissous. C'est lui qui permet à l'insecte sa longue résistance
et nécessite une longue submersion. Il y a donc un intérêt
puissant à n'employer que des eaux qui en contiennent le

moins possible, à les en priver au besoin ; à empêcher du
moins que, par un renouvellement trop facile, de nouvelles
quantités d'air ramenées ne prolongent la lutte où neutra-
lisent les effets attendus de l'immersion.

Les eaux courantes et agitées, toujours riches en oxygène,
passant sur des vignobles pendant même un certain temps,
des terrains trop perméables dans lesquels l'eau, toujours
en mouvement, filtrerait sans cesse, ne rempliraient pas
le but où seraient impropres à la submersion. M. Faucon
est formel sur ce point.

« Les études du savant professeur Balbiani, dit-il, sont
» venues expliquer les insuccès de submersions appliquées
» à des sols d'une excessive perméabilité, au travers des-
» quels l'eau passe sans qu'aucune pression lui ait enlevé
» la moindre partie de l'air qu'elle contient ; elles expli-
» quent les échecs éprouvés lorsqu'on a eu à opérer sur
» des terrains en pente, où l'eau, en état d'agitation con-
» tinuelle, et par conséquent très-chargée d'oxygène, ne
» faisait que passer. »

La commission de viticulture de la Société d'agriculture
de Vaucluse, dans son rapport de septembre 1877, constate
le même fait, sans l'expliquer.

« En récapitulant nos observations, dit-elle, on voit que
» chez M. Seigle, sol peu perméable, à humidité peu pro-
» fonde, la submersion réussit parfaitement ; chez M. Fau-
» con, même situation, même réussite. Chez M. Masson,
» sol très-perméable, sous-sol sec en été, la submersion est
» sans résultat ; chez M. Hugues, même situation, même
» irréussite. »

Un autre fait très-saisissant nous a été signalé par la
Société d'agriculture du Gard. A Saint-Laurent, chez l'un
de ses membres, dans une vigne submergée, la réussite est
complète sur les parties argilo-calcaires. Or une veine de
terre, à sous-sol de vigo, traverse cette même pièce, le

résultat y est tout à fait insuffisant. La sécheresse, pendant l'été, s'y montre extrême ; toutes les cultures en souffrent, la luzerne même suspend sa végétation.

Dans deux des exemples cités, les quantités d'eau néces-saires pour maintenir la nappe à un niveau constant, pré-sentent un écart considérable. Tandis que chez M. Faucon 1 litre 44 par seconde suffisent ; chez M. Masson, 25 litres doivent être donnés pour le même temps.

Si, comme nous venons de l'indiquer, le choix du ter-rain et la durée de la submersion influent notablement sur son pouvoir asphyxiant, bien d'autres conditions, d'ordre purement pratique, devront être remplies avant même de pouvoir l'établir.

Conditions d'établissement. — Le volume d'eau, variable suivant les cas, sera toujours considérable.

Cette eau bien rarement descendra des lieux supérieurs. Dans les vallées ou dans les plaines à pente très-faible, les seules peut-être où la submersion puisse être avanta-geusement pratiquée, on ne pourrait amener l'eau des fleuves et rivières qu'à l'aide de canaux longs à créer et dispendieux, prenant l'eau assez en amont pour que la différence de niveau permit son écoulement et son entretien à une hau-teur suffisante.

Presque toujours donc, des machines élévatoires devront être employées.

Lorsqu'on se sera assuré la quantité d'eau voulue, il faudra préparer le sol à la recevoir. Pour cela le terrain doit être nivelé autant que possible ; puis ensuite divisé en bassins, isolés les uns des autres par des talus et des écluses de niveau, bassins d'autant plus nombreux et petits, que la pente est plus forte. En s'étageant sur cette pente, ils doi-vent rester indépendants les uns des autres, communiquant avec un canal adducteur de l'eau ; et avec un autre pour la vidange qu'il importe de faire aussi complète et aussi prompte que possible.

Ce n'est pas le lieu d'entrer dans tous les détails de l'opération. Celle-ci se trouve parfaitement décrite dans l'ouvrage de M. Faucon, « *De la submersion ;* » et c'est à cette source très-sûre que devront aller puisser 'ceux qui auraient besoin de plus amples renseignements.

De tous les procédés de destruction la submersion est assurément le plus accepté, celui dont les bons effets sont le moins contestés. Pourquoi faut-il, qu'avec une si rare fortune, il ne soit applicable qu'à une catégorie fort restreinte de terres privilégiées !

On eût pu craindre l'action prolongée de l'eau sur la vigne. Il n'en est rien, paraît-il. Une expérience de huit années déjà, pour les contrées chaudes du Midi, ne laisse découvrir aucun signe de malaise ou d'affaiblissement. Le pourrigue, ou pourriture des racines; le blanc, etc., maladies qui coïncident souvent avec une humidité prolongée ne se montrent nulle part.

Dans les traitements de vignes malades, aucun accident n'a été signalé. Si quelques ceps sont morts, ils étaient épuisés et condamnés d'avance. La submersion qui avait pour seule mission de détruire l'insecte, ne pouvait les sauver. Tous ceux qui possédaient encore une certaine vie, débarrassés de leur ennemi; ont bientôt reconstitué leurs racines, et après une année ou deux sont revenus à une végétation normale.

Les seuls mécomptes qui se soient produits ont été dûs à des submersions trop hâtives.

Il n'est pas indifférent en effet, de mettre l'eau à une époque ou à l'autre. M. Faucon, par des expériences précises faites sur une certaine échelle, a déterminé rigoureusement les époques convenables. Elles sont limitées par cette prescription impérieuse : Il faut que le bois soit mûr, toute végétation ayant cessé.

C'est dire qu'une date fixe ne peut être assignée. L'époque variera en effet, dans chaque cas, suivant « la tem-

» pérature, l'état de sécheresse ou d'humidité du sol, la
» vigueur plus où moins grande de la vigne, la somme de
» travail que celle-ci a dépensée pour nourrir ses fruits
» plus où moins nombreux, l'âge de la plantation, la
» nature des terrains, l'exposition..... Mais il est à peu
» près exact de dire que, dans les vignes bien cultivées,
» bien fumées, situées dans un sol profond et fertile, la-
» dite maturité arrivera vers le 1er novembre. »

La hauteur à laquelle l'eau doit être maintenue a,
d'après MM. Faucon et Espitalier, une grande importance.

Il serait bon de baigner la tige jusqu'à la couronne d'où
partent les coursons. On a chance, en agissant ainsi, de
détruire les insectes et les œufs qui s'y trouvent. Mais un
autre avantage, signalé par M. Faucon, c'est la possibilité
de désoxygéner l'eau des couches profondes les plus en
contact avec le phylloxera, par une pression plus grande ;
et d'assurer ainsi l'asphyxie plus prompte et complète des
insectes hibernants et des œufs. M. Faucon fixe en
conséquence la hauteur minimum à 0m,20 ou 0m,25.
M. Espitalier recommande plutôt une couche de 0m,40.

Dans tous les cas, l'opération terminée, les eaux devront
être retirées le plus promptement possible. Les terrains
sont toujours un certain temps à ressuyer, et l'on a peine,
bien souvent, à exécuter en temps convenable les premiers
travaux du printemps.

Si les règles qui président à une submersion bien entendue, sont fixes et désormais connues, les conditions
d'aménagement ou d'élévation des eaux sont extrêmement variables, et d'elles dépend le prix de l'opération.

Exemples. — M. Faucon prend directement son eau
au canal des Alpines. Il établit ainsi le prix de revient,
dans son livre « *De la submersion* ».

Installation première, prise d'eau au canal des Alpines,
rigoles d'adduction et de distribution des eaux, construc-

tion des bourrelets et des martelières, coùt des vannes en forte tôle.

Total, 3,000 francs dont l'intérêt annuel, ci.	150	»
Abonn. au canal à raison de 35 fr. de l'hectare.	735	»
Un homme pour préparer et conduire l'opé-ration pendant 45 jours, 45 jours à 3 fr. 50.	157	50
Un jeune garçon pour aider au travail de la submersion, 45 jours à 2 francs.	90	»
Arrosages d'été, 15 journées à 3 fr. 50. . .	52	50
Réparation des bourrelets, leur tenue en bon état pendant l'année.	45	»
Imprévus.	30	»
Total pour 21 hect. . . .	1260	»

soit donc, en dépenses annuelles, pour chaque hectare, 60 fr.

M. Espitalier au Mas de Roy, comme M. Reich à l'Armeil-lère, n'est séparé du Rhône que par une digue de 9 mè-tres de hauteur qui le défend de l'inondation.

L'eau est prise directement au Rhône au moyen d'une pompe rotative de MM. Neut et Dumont et d'un siphon. Le débit moyen de la pompe actionnée par une machine à vapeur de 25 chevaux est de 250 litres par seconde. Lorsque le fleuve atteint $2^m,50$ au-dessus de son étiage, le siphon fonctionne seul, sans le secours de la machine.

Le vignoble comprend 106 hectares partagés en 7 gran-des divisions, entourées chacune de digues ayant une hauteur moyenne de $1^m,50$ sur 3 et 4 mètres de base.

Ces divisions sont de 2 — 10 — 18 — 14 — 16 — 16 — 30 hectares.

Les submersions commencent tous les ans du 15 au 20 octobre, le bois étant bien aoùté.

L'épaisseur d'eau, sur les points culminants, est $0^m,30$ à $0^m,40$; les parties les plus basses reçoivent jusqu'à 1 mètre à $1^m,50$; mais la moyenne de la couche est de $0^m,50$. D'après M. Espitalier, ses plus belles vignes sont celles qui ont le plus de hauteur d'eau et la conservent plus longtemps.

Afin de maintenir son niveau constant, ce qu'il considère comme très-important, M. Espitalier a placé, au point culminant de chaque compartiment, une petite échelle graduée en centimètres, et dont l'inspection indique la quantité d'eau à remettre pour rétablir le niveau.

La durée de la submersion est de quarante à quarante-cinq jours au moins.

Toutes les eaux de colature et d'écoulement servent à irriguer pendant l'hiver 20 hectares de prés, de telle sorte qu'il n'y a pas d'eau perdue.

M. Espitalier fume, comme avant l'invasion, tous les trois ans, avec 40,000 kilog. de fumier de ferme qu'il associe à des sels. Ce mélange est fait de sulfate de potasse, guano, cendres et colombine, ce qu'il peut se procurer.

Il dépose un kilog. du mélange au pied de chaque cep.

Le fumier a une action mécanique fort importante, paraît-il, pour la contrée. M. Espitalier trouve qu'il divise le sol et empêche ainsi le sel de remonter par capillarité.

Il n'y a pas de colmatage proprement dit, sauf dans les fortes crues.

Les vignes sont très-vigoureuses. Le rendement des Aramons est de 150 hectolitres à l'hectare; mais ceux qui sont plantés dans les sables donnent jusqu'à 203 hectolitres. La moyenne des plants durs, tels que Mourvèdre, Carignane, Alicante, Mourastel, est de 70 hectolitres.

Le prix des vins, jadis de 11 francs l'hectolitre est aujourd'hui de 17 francs.

Les frais de submersion s'élèvent de 60 à 65 francs à l'hectare.

A l'Armeillère, M. Reich a utilisé une ancienne installation faite pour irriguer les prairies. L'eau est prise dans le Rhône par un conduit de $0^m,20$ de diamètre qui passe sous la levée. La pompe est mue par une machine à vapeur

de six chevaux, brûlant 2 francs de charbon par heure et
par cheval.

Le prix de revient nous a été fait par M. Reich comme
suit :

Capital machines, pompes, canaux, 13,500 fr., dont
l'intérêt à 5 p. 100 et l'amortissement à 10 p. 100 donnent
2,025 francs.

425 pour frais, entretien, etc.

2,450 au total, pour 35 hectares et 50 jours de submersion.
C'est 70 francs par hectare. L'année prochaine, d'autres
vignes seront soumises au même traitement, ce qui portera
leur nombre à 80 hect. et baissera à 50 francs le prix de
revient de l'opération. Le terrain de l'Armeillère présente
dans sa composition des inégalités assez grandes. A côté
des terres limoneuses sur lesquelles la baisse, pendant la
submersion serait à peine de 0m,50, il en est d'autres où
l'eau constamment amenée se serait élevée d'une hauteur
de 3 mètres n'était l'infiltration.

Une des grandes difficultés de M. Reich, et qui se
retrouve plus où moins dans toutes les propriétés de la
Camargue, c'est l'existence du sel à une faible profondeur.
Il faut alors surtout que l'écoulement des eaux soit fait
très-rapidement, en sept ou huit jours tout au plus, sans
quoi le *sel* remonte, dit-on, dans le sol, et ses effets désastreux sur la végétation sont connus.

Derrière les pépinières de vignes américaines, se trouve
un beau plantier d'Aramons de cinq ans, d'une étendue de
2 hectares. Il est magnifique et a été planté sur l'arrachage d'une vigne phylloxérée, morte.

Une fouille exécutée montre quelques phylloxeras.
MM. Reich et Espitalier affirment que, dans le courant de
l'année, il est impossible de trouver un insecte ; mais qu'à
partir de juillet il s'en montre de nouveau, et quelquefois
beaucoup.

Nous aurons occasion de revenir sur ce fait, qui est d'observation générale, ainsi que nous l'avons déjà dit, quel que soit le traitement.

Les Aramons de M. Reich sont superbes de production. Les raisins sont énormes, mais à vrai dire bien différents de ce que beaucoup d'entre nous sont accoutumés de voir huit jours avant les vendanges. Cet aspect encouragerait l'objection souvent faite, à savoir que la submersion, si avantageuse au point de vue de la destruction de l'insecte, pourrait agir sur la végétation, retarder la maturité, etc... Pour nous tranquilliser, une raison toute locale nous a été donnée ainsi : « Encore trois ou quatre jours, et la ven- » dange sera très-bonne ; ce que nous cherchons, c'est du » jus, et non du raisiné. » Nous ne pouvons discuter ce jugement d'un homme du pays ; peut-être y a-t-il là une nécessité de fabrication en vue d'une qualité voulue.

A ceux cependant que cette raison topique ne satisfe- rait pas pleinement, on peut dire que la submersion, de plus en plus appréciée dans la Gironde, sur les bords de la Dordogne, là où le soleil moins chaud, le climat plus humide du Sud-Ouest accentueraient inévitablement les défauts signalés, rien de semblable n'a été remarqué.

Les vignes submergées mûrissent comme les autres, et demeurent en qualité, qualité secondaire bien entendu, celle des vins de plaines basses.

Au Cailloux, palus de Condat, commune de Libourne, appartenant à M. de Séguins. La Commission a pu constater une fois de plus, les bons effets de la submersion.

La propriété repose sur un terrain d'alluvion franche, légèrement siliceux, de 1 mètre à 1m,50 de profondeur, avec sous-sol de cailloux. Elle comprend 10 hectares, complantés de Malbec, Merlot, Grosse Vidame, Gros Car- benet, Colon, Folle-noue.

La culture se fait à la main et à la charrue ; la taille en crucifix est celle de toutes les autres vignes de palus.

Avant la submersion, cette vigne ne connaissait point les fumures.

La tache a été découverte en 1875. L'invasion peut donc remonter à 1873-74. A ce moment, il y avait beaucoup d'insectes ; les radicelles étaient en partie détruites, les nodosités fréquentes, la végétation réduite de moitié. La récolte faible ne montait pas à 1,100 hectolitres.

La propriété semblait plus atteinte que les voisines et la tache en occupait la moitié.

Une submersion, incomplète toutefois, fut pratiquée en 1876 ; une seconde complète en 1877 ; une troisième en 1878.

Dans l'hiver de 1876 à 1877, la vigne reçut une bonne fumure avec des boues de Bordeaux.

Une pompe rotative de MM. Neut et Dumont, n° 8, actionnée par une locomobile de huit chevaux, élève l'eau.

La Commission a pu s'assurer que les insectes étaient tout à fait disparus partout où la submersion avait été complète pendant quarante-cinq jours cette année. On en trouve encore quelques-uns sur les ceps assez rares qui, à certains moments, sont restés découverts. Le système radiculaire est entièrement reconstitué ; la végétation aérienne aussi développée qu'avant l'invasion.

De jeunes vignes de trois feuilles, presque mortes, sont revenues à leur croissance normale. La propriété donnera cette année environ 2,300 hectolitres, malgré la coulure, beaucoup moins sensible ici que dans les autres vignes non submergées.

Les mêmes faits se produisent dans tous les plantiers des bords de la Dordogne arrivés à leur troisième année de submersion. La végétation, à cette date, est celle de vignes en bonne santé. Aussi cette année, une foule de propriétaires des bords de l'Isle et de la Dordogne ont-ils voulu s'assurer les moyens d'une pratique si heureuse.

« On ne saurait trop louer à ce sujet, nous dit l'associa-

» tion viticole de Libourne, l'initiative de deux de nos
» membres les plus actifs, MM. le comte de Vassal, maire
» de Cadillac, et de Séguin, directeur du dépôt d'étalons,
» qui viennent de s'engager, chacun par constitution syn-
» dicale, à fournir au moyen de leurs machines à vingt où
» vingt-cinq propriétaires de petite où moyenne culture,
» leurs voisins, l'eau nécessaire, les digues, écluses, vannes,
» devant être établies à frais communs et au prorata des
» surfaces inondées. »

Il est fort à souhaiter que ces salutaires exemples soient
suivis et encouragés. Dans certaines contrées, Vaucluse par
exemple, les syndicats sont nombreux et d'une habitude
séculaire; l'eau mise à leur disposition serait bien vite
employée, apportant la richesse qui accompagne toujours
son emploi judicieux.

On peut citer, dans le Bordelais, des pratiques de submersion, datant de trois ans, chez MM. de Séguin, à Condat, près Libourne; V. Raymond-Chaperon, à l'Ile-du-
Carney, près Lugon; Pauly, à Moulon; Du Foussat, à Izon;
Roudier, député, même commune à leur quatrième année:
celles du comte de Vassal, à Cadillac-sur-Dordogne; Paul
Chenu, à Bourg-sur-Gironde; Olivier, à l'Ile-du-Carney,
près Lugon. Enfin à leur cinquième année: celles de M. Paul
Princeteau, à Asques-sur-Dordogne; de Meynot, à Arvey-
res, près Libourne; Paul Chaperon, même lieu.

Il s'en faut que partout la submersion se trouve aussi
économique que chez MM. Reich et Espitalier. Nous don-
nons, ci-dessous, les chiffres fournis par M. Paul Chaperon et qui établissent, chez lui, le prix de la submersion.
Nous empruntons ce tableau à l'excellent ouvrage de nos
collègues, MM. le Dr Crolas et E. Fallières : « *Des moyens
pratiques et sûrs de combattre le phylloxera.* »

Submersion de 15 hect. de vignes, construction de
1,306 mètres de digues à 2 f. 75, 2 f. 50, 1 f. 25, et 0 f. 50

le mètre, suivant hauteur et largeur . .	1,236	50
Fossés pour faire écouler les eaux après l'opération..	180	»
8 vannes grandes et petites, maçonnerie, pelles en fer avec vis.	1,190	»
Achat de pompe rotat., Neut et Dumont,	2,500	»
Achat d'une machine à vapeur de 6 chevaux : occasion.	3,000	»
Etablissem. de la pompe et de la machine	200	»
Achat de dalles et tuyaux	500	»
Total. . . .	8.716	50

dont l'intérêt à 5 p. 100 est à la charge du traitement annuel.	436	»
Charbon pendant 45 jours.	750	»
Journées d'homme..	300	»
Total. . . .	1,486	»

soit près de 100 fr. par hectare. Si l'on ajoute les frais d'amortissement de la machine et de la pompe, les frais d'entretien et réparation, les dépenses imprévues... on voit que, dans ces conditions passablement favorables, il est sage de compter sur une dépense annuelle de 150 fr. par hectare. Ces frais seront souvent doublés par suite de difficultés spéciales à vaincre.

Les viticulteurs de l'Hérault, que dès le début, dans cette question du phylloxera, on rencontre à la tête des chercheurs, ne pouvaient manquer d'éprouver un si puissant moyen de défense.

M. Gaston Bazille, en effet, suivant de près M. Faucon, commençait en décembre 1873 la submersion de son vignoble. Il l'a progressivement étendue, et aujourd'hui elle protége efficacement 20 hectares.

La Commission a vu chez lui une pièce plantée de teinturiers et se soutenant depuis cinq ans. La végétation est belle, exagérée même. La récolte peut être estimée 80 hectolitres à l'hectare. Une fouille pratiquée ne permet de découvrir aucun insecte, mais les racines montrent encore des traces évidentes de leur passage.

La vigne Alibaud est submergée depuis cinq ans. Elle a été prise au début, mais la submersion a d'abord été un peu inégale. Elle est magnifique. Les fruits sont beaux, mais sans correspondre peut-être à la végétation. Les plants sont Aramon et Carignane : la submersion n'a été que de trente jours.

Dans la pièce dite la Plantade se trouve les fameux Jacquez que nous avons eu déjà l'occasion de signaler pour leur admirable vigueur. Ils sont greffés sur racines françaises et défendus depuis deux ans par la submersion. Celle-ci ayant été insuffisante, à une des extrémités de la pièce, les vignes dénotent un grand affaiblissement.

Plus loin se rencontre une autre pièce traitée deux ans par les engrais, puis submergée, mais incomplétement, La vigne se refait cependant. On y voit des greffes de trois ans, Jacquez sur Petit-Bouschet, chargées de fruits : des Petits-Bouschets, hybrides d'Aramon et Teinturiers, bien plus productifs que ces derniers et très-bons. Ils sont à pleine récolte.

M. Gaston Bazille espère cette année récolter 2.000 hectolitres.

Destruction de l'insecte. Réinvasion. — Dans tous ces exemples, il a été démontré qu'une submersion complète amenait la disparition du phylloxera ; qu'une submersion incomplète, par défaut de niveau où toute autre cause permettant à l'insecte de ranimer ses forces, le laissait continuer ses ravages manifestés par les teintes ordinaires de la végétation.

Dans tous les cas, le fait de réinvasions annuelles en juillet-août, a été constaté.

Ceci a donné lieu à une discussion intéressante dans

l'assemblée de la Société d'agriculture de Vaucluse à laquelle il nous a été donné d'assister.

M. de Savornin qui, dans Vaucluse, pratique avec succès la submersion, signalait ces retours offensifs de l'ennemi malgré une submersion exactement faite. Chez lui, les parties où elle était inégale, ont en effet disparu, en deux ans, emportées par le mal ; il n'en est plus question. Son vignoble est isolé, toutes les vignes voisines sont mortes, la réinfection ne semble donc pas venir du dehors ; elle tiendrait à une cause locale. Il a fumé et irrigué deux fois, quatre jours chaque fois, et les traces d'affaiblissement ont disparu.

Pour M. Faucon, la faute serait une à submersion incomplète qui se produit souvent au voisinage des bourrelets. Les plants voisins y jettent leurs racines à l'abri de l'humidité. Certains phylloxeras s'y réfugient de même et deviennent par la suite la source de nouvelles réinfections. Quant à lui, il connaît d'une façon certaine la cause des attaques annuelles dont son vignoble est l'objet. Elle se trouve dans une vieille vigne abandonnée depuis 1868. Chaque année, au mois de juillet, on peut constater les migrations de l'insecte aptère, quittant la vigne appauvrie, pour venir chercher sur ses ceps une nourriture plus abondante et substancielle. Le petit cours d'eau qui coule entre les deux propriétés, est garni de buissons sur ses bords ; et dans les nombreuses toiles d'araignées, qui y sont tendues, on trouve des quantités de phylloxeras ailés prisonniers. Une expérience des plus concluantes lui permet d'affirmer que pas un individu ne survit à la submersion. En mars il a arraché 2,500 ceps coulards. Tous ont été examinés avec le soin le plus scrupuleux sans pouvoir y découvrir un seul insecte.

M. le Dr Fatio explique la réinvasion par les germes, l'œuf d'hiver, laissés sur le vieux bois en dehors d'une submersion suffisante, et dont les descendants, à l'époque des migrations vont fonder de nouveaux foyers.

M. E. Planchon signale à son tour l'action des vents qui passent sur des vignes phylloxérées, emportent et déposent souvent au loin des phylloxeras aptères, dont l'œuvre est bien vite manifestée. C'est encore aux époques ordinaires de migrations que cet apport serait le plus fréquent. Pour lui, le grand ennemi, c'est l'insecte souterrain.

En présence de tels observateurs, une explication à fournir serait bien délicate.

Si les insectes de la seconde invasion provenaient des phylloxeras aptères échappés à l'action meurtrière, ils pulluleraient d'avril en juillet, et on les trouverait ; or tout le monde affirme que l'on n'en rencontre pas à cette date. S'ils proviennent de l'œuf d'hiver, pour la même raison ils ne descendent donc pas en mai sur les racines, comme on l'a cru. Ils doivent cependant multiplier, et que deviennent-ils?

Les belles observations du comité P. L. M. ont bien démontré l'identité des deux insectes, sur la tige et les racines. Il a pu à volonté infecter des racines avec le phylloxera des galles, et déterminer des galles avec des aptères hypogés : enfin il a vu, en novembre, les insectes des galles envahir des racines saines.

Il y a, malgré cela, encore une inconnue à déterminer, et un fait, celui de la réinvasion en juillet-août, bien constaté, quel que soit le traitement ou sa réussite la mieux établie.

La nécessité de renouveler les traitements est par là même démontrée.

Cette réinvasion, quelquefois considérable, est heureusement sans influence fâcheuse sur la vigne. Elle n'attaque que le chevelu destiné à disparaître, ou de jeunes racines qui, à cette époque de l'année, la végétation cessant, n'ont point à souffrir des désordres qu'entraine la piqûre du phylloxera dans la période d'activité et de séve.

Fumures. — La submersion ayant rempli son rôle de destruction vis-à-vis de l'insecte ; il faut maintenant aider à la reconstitution de la plante par des fumures.

Cette prescription, applicable à tous les cas, présente ici une opportunité toute particulière ; car, chacun le comprend, l'eau dans son séjour a dissous une certaine dose de principes actifs de fertilité, qu'elle entraîne en s'écoulant.

Cette perte ne sera pourtant pas aussi considérable qu'on l'aurait pu croire au premier abord.

La submersion, nous l'avons vu, est surtout applicable dans les sols un peu argileux, limoneux, fertiles et profonds, riches en matières humifères qui toutes s'opposent énergiquement au drainage des engrais. Entre les matières salines et l'eau, un certain équilibre tend à s'établir, mais l'eau ne se sature pas. Or nous avons vu aussi que les meilleurs cas de submersion sont fournis par des eaux presque dormantes ; que les eaux courantes au contraire, celles qui laveraient le plus, sont d'un mauvais emploi dans la submersion. Il y aura donc incontestablement déperdition de matières fertilisantes, mais non dans la proportion que, quelquefois, on a bien voulu dire.

L'expérience semble d'ailleurs confirmer ce premier raisonnement. M. Espitalier, qui a su manier si habilement les engrais, qui, avec leur aide, a quelque temps protégé ses vignobles avant de les soumettre à la submersion, M. Espitalier, disons-nous, semble un peu de cet avis. Il fume maintenant tous les trois ans, comme avant, et ne remarque, dans la végétation ou le produit, aucun fléchissement. Il montrait cette année une vigne superbe, fumée il y a quatre ans, en tout semblable à sa voisine fumée dans l'année.

M. Faucon fume annuellement ses vignes avec :

Du superphosphate de chaux.   100 kilog.
Chlorure de potassium.........   100   —

Tourteaux de colza.............. 700 kilog.

Sulfate de fer... .... 100 —

Cette quantité, semée sur un hectare est enterrée par le premier labour.

M. Gaston Bazille emploie alternativement : le fumier d'étable à la dose de 14,000 kilog.; la suie, à la dose de 2,200 kilog.; les tourteaux de palmiste ou de sésame, à la dose de 1000 à 1200 kilog. par hectare. Il fume annuellement.

Au Caillou, M. de Séguin a employé des boues de Bordeaux en 1876-77. La couleur verte a seule manifesté l'action des engrais en 1877, la végétation meilleure et un commencement de fructification ont été un premier résultat. Cette année, la troisième, certaines pousses ont 4 mètres de long, et la fructification est aussi belle que le comporte l'année.

En règle générale, les fumures sont nécessaires, et leur application devra être faite le plus tôt possible après la submersion. On peut craindre, sans cela, de voir les principes minéraux, même les plus facilement assimilables, ne produire d'effet que l'année suivante.

Enfin, M. Faucon résume ainsi les conditions d'une bonne submersion ; nous ne pouvons que les transcrire ici en les déclarant parfaitement conformes à tout ce que nous avons pu observer :

« Ne commencer à amener l'eau dans les vignes que » quand le bois des sarments est bien mûr.

» La submersion doit être complète, et, pendant toute » sa durée, ne pas éprouver la moindre interruption.

» Cette submersion doit avoir une durée de trente-cinq à » quarante jours, si elle a lieu en automne ; de quarante- » cinq à cinquante jours, si on ne peut la faire qu'en hiver.

» Il est essentiel que la couche d'eau ait une épaisseur » minimum de 20 à 25 centimètres ; il serait même préfé- » rable qu'elle couvrît la couronne des souches, jusqu'un » peu au-dessus de l'endroit où la taille doit être faite.

» Il est indispensable de fumer avec un engrais bien
» approprié aux besoins de la vigne. Plus on fumera, plus
» beaux seront les résultats, plus grands seront les rende-
» ments en fruits et en produits nets. »

Arrosages. — Cette simple lecture peut faire sentir
l'abîme qui sépare la submersion efficace des submersions
incomplètes même répétées, des irrigations, arrosages, etc...
que trop souvent l'on confond avec elle.

La submersion est insecticide; les autres pratiques ne
le sont pas.

La plante semble pourtant ressentir un soulagement. Il
n'est point dû à la disparition même partielle de l'insecte.
L'eau, dans certaines conditions, M. Barral l'a excellem-
ment démontré, est un excitant de premier ordre.

Grâce à son aide vivifiée par le concours simultané d'un
soleil brûlant et de fumures choisies, la vigne peut lutter
plus longuement, parce que son système radiculaire se
reconstitue plus facilement, la nourriture se présente sous
une forme plus assimilable ; et les facilités données d'ab-
sorption contre-balancent dans une certaine mesure la perte
progressive des membres absorbants.

Mais c'est alors une lutte sans trêve et sans profit. La
plante vit et les récoltes manquent souvent ; car la cause,
toujours présente, n'attend qu'une circonstance favorable
qui, lui donnant la victoire, rende inutiles les sacrifices
passés.

Ces extraits de notes, prises à Villeneuvette chez M. Maistre, indiquent bien la solution : première vigne visitée,
irriguée avec l'eau du ciel, se défendait assez. Depuis deux
ans, à cause des sécheresses, elle tombe beaucoup plus vite,
se défend difficilement !

Une seconde pièce, terre argilo-calcaire profonde,
1 mètre au moins, défendue avec l'eau, a toujours produit;
grande baisse cette année comme récolte, à cause de la
sécheresse.

DU SULFURE DE CARBONE

Premières tentatives. — Nous n'avons pas à refaire ici l'histoire du sulfure de carbone.

Indiqué par M. le baron Thenard, et essayé par lui, en 1869 à Bordeaux, il fut aussitôt abandonné, laissant la réputation de tuer les vignes aussi sûrement que le phylloxera.

M. Monestier en 1873 reprit les expériences et eut l'heureuse idée de déposer, à intervalles rapprochés, de très-petites doses de sulfure dans des tubes profonds disposés autour des ceps. Ces essais furent encore délaissés.

On reprochait alors au sulfure de carbone son action si violente mais si éphémère ; il épargnait les œufs et se montrait par conséquent impuissant à empêcher de nouvelles et promptes réinvasions.

Modérer cette vaporisation trop vive devint l'objectif de tous les chercheurs ! On crut y arriver en associant le sulfure à d'autres substances.

M. Monestier en 1874 conseillait le mélange de sulfure de carbone avec les huiles lourdes.

M. Rohart l'emprisonnait fort ingénieusement, avec une couche de silicate de potasse, dans les pores de petits cubes de bois.

Puis l'association viticole de Libourne a recommandé le mélange du sulfure et du coaltar.

M. Rousselier a associé le sulfure et l'huile de résine.

M. G. Engel a tenté de réunir sous une forme pulvérulente la silice, le sulfure de carbone et l'eau.

Ces essais n'ont pas complétement répondu à l'attente qu'on en avait. Dans les meilleures conditions d'emploi, leur action a été celle du sulfure qu'ils renfermaient, agissant seul. Le plus souvent l'effet a été moindre, tant à cause des déperditions inévitables dans les transports, l'emploi, la fabrication même, diminuant les dosages annoncés de l'agent actif, que parce qu'une partie du toxique se trouvait retenue par les substances associées. Ne peut-on croire aussi que, dans les essais réussis d'évaporation réglée et notablement retardée, la tension des vapeurs étant un peu moins forte, la diffusion perd ainsi de son étendue et de sa régularité? Un premier inconvénient venait donc souvent de l'inégalité d'action; mais un second, plus important, tenait sûrement à l'élévation de prix du sulfure dans ces sortes de traitements. En effet, le prix du sulfure de carbone pur étant de 0 fr. 50 à 0 fr. 60 le kilog. atteint, dans les produits manutentionnés ceux de 1 à 2 fr. le kilogramme.

L'idée qui avait présidé à toutes ces tentatives a, aujourd'hui, beaucoup perdu de sa force, depuis surtout que par une connaissance plus approfondie des lois de la diffusion du sulfure de carbone, et une observation plus attentive des mœurs de l'insecte, on a pu doser plus sûrement les quantités utiles de l'insecticide et pratiquer les traitements à des époques mieux définies.

La tendance très-accentuée de tous les opérateurs les ramène aujourd'hui à l'emploi du sulfure de carbone pur.

M. Alliès, propriétaire à Ruyssatel, commune d'Aubagne, près Marseille, avait devancé ce mouvement. Dès septembre 1874, reprenant les expériences abandonnées, il commença sur son vignoble phylloxéré des applications répétées de sulfure de carbone pur, injecté dans le sol à petites doses constantes, au moyen d'un pal de son invention.

Les résultats obtenus par lui sont devenus, en 1876, le point de départ des beaux travaux du comité régional de Marseille.

La Commission a visité la propriété de M. Alliès, située à 350 mètres d'altitude, au sommet du vallon de Ruyssatel, sur des argiles pures du trias, avec cailloux calcaires descendus des rochers.

La couche de terre végétale, assez inégale, a 1ᵐ,50 environ de profondeur ; elle est très-fertile et n'avait jamais été fumée avant l'invasion du phylloxera.

La plantation en usage est de 6,000 souches à l'hectare. Les principaux cépages sont : l'Uni blanc, Uni noir, Mourvèdre, Clairet, Pascal blanc, Bouteillan et Grenache. 3,500 souches sont très-vieilles, 7,500 comptent de 8 à 10 ans.

La culture se fait à la bêche, et la taille à deux yeux sur deux ou trois coursons, suivant la force du sujet.

M. Alliès avait remarqué, dès 1873, un dépérissement de certaines vignes déssiminées par taches dans le vignoble ; ce qui permettrait de faire remonter à 1870 environ la première apparition de l'insecte. Malgré ce symptôme, la sécurité était complète, la vigne dans son ensemble restait belle, et l'on récoltait convenablement.

En 1874, des recherches opérées montrèrent le phylloxera partout, 3,500 pieds environ étaient gravement atteints, avec les radicelles détruites et des pousses dans les taches, d'une longueur de 0ᵐ,10.

A ce même moment, tous les environs étaient dévastés.

1874. Cette année donc, sans perdre de temps, en septembre et octobre, M. Alliès fit une application de sulfure de carbone avec son pal. Les ceps des taches furent seuls traités. Chaque cep occupe 1ᵐ,50. M. Alliès disposa ses trous autour d'eux, à 0ᵐ,40 du tronc, et mit dans chacune 7 gramm. 50 de sulfure, soit donc 30 grammes de sulfure par cep ; ou 20 grammes par mètre carré.

1875. Les taches seules encore furent traitées. Chaque cep reçut cinq applications de mai à septembre, dans les mêmes conditions qu'en 1874 ; soit donc 150 grammes de sulfure par souche ou 100 grammes par mètre carré, pour toute l'année.

1876. Les traitements mensuels, commencés en juin, poursuivis jusqu'en septembre furent au nombre de quatre, toujours dans les mêmes conditions que l'année précédente, à cette exception importante cependant, que tout le vignoble fut traité cette fois. Total du sulfure employé dans l'année : 120 grammes par souche, ou 80 grammes par mètre carré.

1877. L'application fut générale, comme en 1876, mais il n'y en eut que deux faites, l'une en mai, l'autre en octobre, soit 60 grammes de sulfure par cep, ou 40 grammes par mètre carré.

Dans l'hiver de 1877-78, chaque cep reçut 2 kilogrammes de fumier de ferme.

1878. Cette année, un premier traitement a eu lieu en mai ; le second sera donné en octobre, ce qui fera, comme en 1877, 60 grammes de sulfure par souche, 40 grammes par mètre carré.

M. Alliès espère maintenant, avec ces deux seuls traitements, maîtriser le phylloxera dans le développement de ses colonies et maintenir ses vignes en production.

Alors que toute l'année il peut se croire débarrassé de son ennemi, il constate à la fin de la saison une nouvelle invasion qui rend nécessaire son traitement d'octobre. Une fouille pratiquée sur une belle souche démontre, en effet, l'existence d'assez nombreux aphidiens.

Deux hommes suffisent, dit M. Alliès, au traitement de 1,000 souches par jour, et l'on peut compter, en moyenne, les journées de 3 francs, soit donc pour la main-d'œuvre 36 francs par hectare et par traitement.

Les résultats obtenus par M. Alliès sont assurément des plus remarquables. Simple praticien, il a trouvé un mode d'application facile et efficace, que les études scientifiques suscitées par son exemple, n'ont fait que régulariser. Les observations de M. Alliès sont donc ici d'un grand poids et l'on nous permettra de nous y arrêter.

Les vignes très-malades, dans certains points d'attaque, sont mortes malgré le traitement ; d'autres se sont remises lentement ; d'autres enfin, envahies depuis une ou deux

années seulement, n'ayant pas encore donné de marques
bien sensibles d'affaiblissement, se *rient*, dit M. Alliès,
du phylloxera. Grâce au traitement, elles ne perdent ni
racines, ni feuilles, et leur fructification reste normale. Il
y a donc un immense intérêt, insiste M. Alliès, à toujours
secourir les vignes à temps, à les soigner dès qu'elles sont
atteintes. Chez lui, tandis qu'il a fallu, en deux ans, dix
applications sur les ceps malades pour détruire les insectes,
amener un commencement de reconstitution des racines
et de fructification, deux applications annuelles ont maintenu contre toute attaque, en santé et produit, les vignes
nouvellement contaminées voisines des anciens foyers.

Ces observations viennent à l'appui de ce que nous avons
dit de l'action des insecticides, et nous aurions, dans chaque
cas, de nouvelles preuves à donner.

Adossé à la maison d'habitation, l'observateur a sous les
yeux la plus grande partie de ce petit vignoble si coquette-
ment tenu, soigné avec un amour si évident. Les traces de
la lutte soutenue apparaissent encore çà et là. Un foyer
trop malade ne s'est pas reconstitué ; il y a des ceps
retardataires, d'autres aux feuilles jaunissantes accusent
ou une veine de terre moins favorable ou une attaque
insuffisamment réprimée, ou bien encore des soins trop
récents. Les talus surtout, qui séparent les terrasses, ont
cette teinte jaune, signe manifeste de souffrances. Les ceps
qui les occupent ont, il est vrai, moins de sol et celui-ci
est plus sec : conditions mauvaises pour eux, plus favorables pour l'insecte. Serait-ce vraiment la cause de cette petite lacune dans une réussite autrement si complète ; ou
bien, doit-on l'attribuer à une mauvaise diffusion du sulfure
de carbone dans ces terres inclinées ? Nous ne savons.
Le fait reste cependant, et est à noter.

Partout ailleurs, les vignes sont belles et vigoureuses.
M. Alliès les estime revenues à leur végétation normale.
Elles offrent, en tout cas, un contraste saisissant avec

8

les vignes voisines situées sur la droite, non traitées, où
toute trace de verdure a disparu.

A quelques pas de là, notre Commission allait recueillir
une nouvelle preuve fortuite de l'énergie préservatrice du
sulfure de carbone. En parcourant le sentier rapide qui
descend de chez M. Alliès au fond de l'étroite vallée, au
milieu des terrasses plantées de vignes qui s'allongent sur
les flancs escarpés de la montagne, il en est deux qui tran-
chent par leur teinte foncée sur tous les alentours où s'a-
perçoivent à peine les traces d'une végétation rabougrie.
La Commission s'y transporte aussitôt. Les vignes sont
belles, les feuilles vertes, les pampres vigoureux valent
au moins ceux de l'année dernière ; enfin la fructification
est bonne. A peine de loin en loin voit-on quelques feuilles et raisins séchés. La Commission s'informe et apprend
que la vigne Gourde]Roubeaux a été traitée au sulfure de
carbone, d'après la méthode de M. Alliès et par ses soins,
qu'elle est à sa deuxième année de traitement.

Méthode du comité de P.L.M. — Le comité régional institué à Marseille par la compagnie P. L. M. sous
l'inspiration de son éminent directeur, M. Paulin Talàbot,
à la sollicitude éclairée duquel la viticulture doit tant,
le comité régional fondé en 1876, frappé des résultats
obtenus par M. Alliès après deux années seulement d'application, reprit l'étude du sulfure de carbone. Les recherches scientifiques de M. Marion, professeur à la faculté
des sciences de Marseille, et de ses collaborateurs, MM.
Gastine et Catta, ont éclairé bien des points obscurs. Grâce
à eux, les lois de diffusion du sulfure de carbone sont
connues, et ses coefficients insecticides déterminés. Son
emploi a acquis un caractère de certitude qui lui manquait
et se trouve, jusqu'à un certain point, à l'abri de ces accidents qui, dans le principe, l'avaient fait repousser.

Diffusion du sulfure de carbone. — Les principaux faits intéressant la pratique et mis en lumière par le comité régional, sont les suivants :

Le sulfure de carbone déposé dans le sol à 0m,40 de profondeur, émet immédiatement des vapeurs.

La diffusion horizontale de ces vapeurs ne croît pas régulièrement à partir du trou d'injection, pour décroître ensuite. Elle présente des variations intimement liées aux variations thermométriques.

D'où cette conclusion, vérifiée par l'expérience, que cette diffusion variera avec les saisons : elle sera plus grande en été qu'en hiver ou en automne.

La persistance des vapeurs dans le sol est en raison inverse de l'intensité de la diffusion. Elle sera donc plus grande en hiver ou en automne qu'en été. C'est vers la fin de l'automne qu'elle est la plus grande.

Tout ce qui précède a trait à la diffusion sur une tranche horizontale ; celle, par exemple, qui correspond au fond du trou où se trouve déposé le sulfure de carbone.

Dans le sens vertical, maintenant, si l'on suppose divisée en tranches la hauteur qui sépare le fond du trou d'injection de la surface, et que pour toutes ces tranches, en un même point à égale distance horizontalement mesurée du trou d'injection, on recherche le sulfure de carbone, on en trouvera de moins en moins, à mesure que la tranche sur laquelle porte l'examen se rapprochera du sol. Cela tient à la déperdition incessante qui se fait par la surface.

Si au contraire la même recherche de diffusion verticale se fait du fond du trou jusqu'à 1m,20, dernière profondeur constatée, on trouve que dans toute cette hauteur, la proportion de sulfure ne décroît pas ; elle reste sensiblement la même. Cela s'explique par deux causes : la densité considérable des vapeurs de sulfure, qui les entraîne en profondeur ; la déperdition évidemment moins considérable qu'à la surface.

Comme conclusion pratique de ces observations, il est

inutile d'introduire le sulfure de carbone plus profondément qu'on ne le fait 0ᵐ,40, et certain que les insectes des racines profondes sont toujours plus sûrement atteints que ceux situés au collet de la vigne, dans une zone trop voisine de la surface où les vapeurs ne séjournent pas.

La nature du sol influe beaucoup sur la diffusion du sulfure de carbone. Plus lente, plus régulière, par conséquent plus persistante, elle s'étend dans les terres fortes et tassées à de plus grands rayons. Elle est encore avantageuse dans les terres moyennes, légèrement caillouteuses. Elle est au contraire trop grande, surtout trop irrégulière, dans tous les cas peu persistante, au sein de terrains sableux, friables ou très-ameublis.

Il faudra donc se garder de travailler le sol avant d'y introduire le sulfure ; et d'autres expériences ont démontré que dix jours au moins après l'application, la terre devait être abandonnée à elle-même.

L'humidité du sol favorise la diffusion, la régularise et l'étend.

Le comité P. L. M., a pu enfin conclure d'expériences répétées : « Que malgré les variations dépendant, soit de » l'influence des saisons, soit de la nature où de l'état du » sol, un champ traité à raison de 2 trous d'injection par » mètre carré, se trouvera toujours entièrement imprégné » de sulfure de carbone. »

Coefficient insecticide. — Ces données théoriques obtenues, il s'agissait de savoir si, dans la pratique, le pouvoir insecticide du sulfure suivrait les variations de la diffusion.

Pour arriver à cette détermination, le comité régional installa une série d'expériences très-curieuses.

Des racines fraîches, aussi semblables que possible et chargées pareillement de phylloxeras, furent placées dans des tubes en toile métallique. Ceux-ci enfoncés dans le sol, de façon à représenter exactement une plantation de vignes, furent traités d'après la méthode, tandis que certains, laissés à l'écart sans traitement, servaient de témoins. Les tubes furent ensuite relevés et examinés. La proportion d'insectes détruits donna un chiffre qui devint le véritable coefficient du pouvoir insecticide du sulfure de carbone, dans les conditions où l'application était faite.

« Les résultats sont assez précis pour que la même » expérience, répétée plusieurs fois dans les mêmes con- » ditions, donne toujours la même proportion de phylloxeras » détruits. »

Le comité reconnut ainsi que le pouvoir insecticide, comme la diffusion, n'était pas toujours en raison directe de la quantité de sulfure injecté. Et d'abord il arrivait un moment où, le résultat étant acquis, une nouvelle dose devenait inutile ; mais encore ceci, qu'une certaine dose distribuée en deux applications, faites à quatre jours d'intervalle, était plus active qu'une seule, faite avec cette même dose. Exemple — 50 à 55 gr. de sulfure, appliqués en une seule fois par mètre carré, ont toujours amené la destruction totale du phylloxera. Le même résultat est obtenu avec 28, 30, 32 gr. de sulfure, par mètre carré, appliqués en deux fois à cinq ou six jours d'intervalle.

Méthode des traitements réitérés. — S'appuyant sur tous ces faits, le comité régional de Marseille a coordonné une méthode de traitement à l'aide du sulfure de carbone et lui a donné le nom de méthode des traitements réitérés.

« Elle consiste à injecter autour des mêmes ceps, les » doses insecticides variables suivant les circonstances, » deux ou trois fois de suite, en laissant quatre, six ou » tout au plus huit jours d'intervalle entre chaque opéra- » tion.

« Un vignoble qui a reçu deux ou tout au plus

» trois traitements réitérés doit être purgé de phyl-
» loxeras. »

Le comité régional de Marseille a donc eu en vue la
destruction complète du phylloxera.

Les résultats obtenus par M. Alliès avec sa méthode, au
cap Pinède en 1877, avaient suffisamment démontré au
comité que des applications simples, faites au moment où
la multiplication de l'insecte devient trop active, pouvaient
soutenir la végétation de la vigne et aider à son rétablis-
sement, à la condition toutefois que les racines trouvent
dans le sol des éléments suffisants de réparation. Les
nouvelles expériences ont été dirigées dans le sens d'une
destruction complète, à l'aide de la méthode des traitements réitérés, à laquelle le comité attribue des effets bien
plus complets.

Voici quelles raisons d'espérer un tel résultat le comité
donne dans son rapport : « Après avoir distribué dans un
» champ d'expérience une faible quantité de sulfure de
» carbone, 10 ou 15 gr. par mètre carré, par exemple,
» on revient à la charge trois à six jours après et on
» renouvelle la même opération.

» Il est à croire que les deux actions insecticides font
» plus que s'additionner. L'influence nuisible résultant de
» l'hétérogénéité du sol se trouve considérablement
» amoindrie, car la nouvelle quantité de sulfure survenant
» avant que la première ait disparu, la pénétration des
» vapeurs sera facilitée d'autant. Nous savons qu'à une
» distance donnée du trou d'injection, la densité de l'at-
» mosphère toxique subit des alternatives régulières de
» croissance et de décroissance : la réitération ayant pour
» effet de multiplier le nombre de ces alternatives, il peut
» arriver que tel individu qui aurait résisté aux premières
» quantités de gaz insecticide ne puisse supporter les nou-
» velles émissions. Enfin il intervient une question de
» durée dans l'imprégnation souterraine qui doit jouer un

» rôle prépondérant. La méthode des mélanges poursui-
» vait, il est vrai, le même but; mais dans des conditions
» absolument opposées. »

L'expérience est-elle venue sanctionner ces données
théoriques? C'est ce qui nous reste à voir.

Exemples. — Le cap Pinède, station désormais célèbre
dans l'histoire du sulfure de carbone, est cette grande butte
qui commande les nouveaux ports de Marseille.

Sur son versant se trouve un terrain de 5,400 mètres de
superficie, planté de 1,400 souches, jadis en oullières,
Grenaches pour la plupart, puis Mourvèdre, Pascal
blanc, et Carignane. C'est le reste d'un vignoble détruit.

La terre est argilo-calcaire sablonneuse, par places, elle
repose sur les poudingues miocènes, et à une profondeur
variable de $0^m,40$ à $1^m,50$.

Les plantes intercalaires de la oullière ont disparu, et la
culture se fait à la main. On taille sur trois coursons à
deux yeux.

Cette vigne, qui n'avait jamais été fumée, était abandonnée depuis cinq ans, lorsque le comité la prit, et
depuis quatre années elle ne fructifiait plus. L'invasion pouvait donc remonter à 1872. Le premier foyer est encore
visible avec ses souches mortes et presque entièrement
décomposées. Toute la vigne était attaquée, ses racines
envahies, les radicelles détruites, la végétation si déprimée
que les sarments mesuraient à peine $0^m,50$.

1877. Un premier traitement fut appliqué en janvier, à
la dose de 25 gr. par mètre carré, de sulfure en une fois.
En avril, mai, on ne trouvait pas d'insectes; en juin
quelques-uns se montrèrent qui pullulèrent tellement,
qu'une seconde application en juillet fut résolue et pratiquée comme la première, soit donc 50 gr. par mètre
carré.

« A partir de ce second traitement, dit M. Marion,

» l'état de la végétation s'est partout amélioré d'une
» façon surprenante. Les racines s'étaient couvertes de
» fibrilles sur lesquelles on voyait bien quelques nodo-
» sités, mais on ne trouvait plus les insectes qui les
» avaient produites. Les rameaux avaient pris un dévelop-
» pement inusité et portaient d'assez nombreuses grap-
» pes..... on put y récolter 300 kilog. de raisin, alors
» que depuis quatre ans, il n'y avait plus de récolte. »

Pendant l'hiver, une bonne fumure de 12,000 kilog. de
fumier de ferme avait été appliquée et complétée par l'apport de 30 gr. de chlorure de potassium au pied de chaque
cep.

En octobre, quelques phylloxeras se montrèrent encore,
non plus partout, mais sur certains points; une troisième
application fut faite sur ces taches.

La destrution de l'insecte ne fut pas complète, puisque
en janvier 1878, quelques hibernants étaient trouvés sur
les racines.

La dose de sulfure de carbone injecté sur les taches, en
trois fois, s'est donc élevée à 75 gr. par mètre carré.

1878. — Un traitement à 15 gr. par mètre carré,
suivi à quatre jours d'intervalle d'un second identique,
inaugurèrent en janvier les traitements réitérés.

Le même traitement réitéré fut appliqué en juillet sur
40 mètres seulement, car la sécheresse excessive ayant
durci le sol, mettait dans l'obligation d'arroser pour permettre l'introduction du pal.

Plusieurs fouilles exécutées devant nous ne pouvaient
amener la découverte d'aucun insecte, si ce n'est sur une
souche laissée à cette fin sans traitement en 1878. M. Marion
attribue à l'insecte ailé les deux taches traitées en octobre
1877. Sur les parties qui n'ont reçu qu'un traitement d'hiver, quelques phylloxeras se rencontrent, mais qui n'ont
pas encore eu le temps de nuire.

Le système radiculaire est régénéré; la végétation magnifique, les fruits superbes, en quantité. C'est une récolte normale.

Ce résultat si prompt et complet a été obtenu avec 75 gr. de sulfure par mètre carré, la première année, et 60 gr. la seconde, répartis cette fois en injections, faites en janvier et juillet par groupe de deux applications se suivant à 4 jours d'intervalle.

Des traitements de la méthode ont été faits par des viticulteurs d'après les conseils du comité, avec l'aide de moniteurs spéciaux instruits par lui et mis si libéralement à leur disposition par la compagnie P. L. M.

La Commission a pu visiter plusieurs de ces exploitations et constater les résultats obtenus.

La Villarde, au clos de l'Hermitage, située à Tain (Drôme), appartient à M. Thiollière de l'Isle. C'est un terrain argilo-silicieux, calcaire, très-pierreux, mais profond de 1 mètre au moins, comme tout le mamelon assez élevé auquel cette vigne est adossée. Le mamelon à côté, séparé de celui-ci par un petit ravin, est rocheux ; ses vignes sont mortes depuis longtemps.

La Villarde est exclusivement plantée d'un cépage nommé la Petite Syrrha, qui a fait la réputation des vins de l'Her-mitage. Les plants sont espacés à 0m,90 en tous sens ; c'est donc 12,000 pieds à l'hectare. Leur âge s'échelonne de dix à trente ans, ces derniers sont les moins nombreux. Le provignage est pratiqué annuellement sur un cinquième des ceps, et l'on profite de cette occasion pour fumer. On verse alors dans la fosse, où sont couchés le pied mère et le provin, une corbeille, soit 20 kilog. environ de fumier d'étable. La culture est faite à la main, la taille demi-longue de deux à cinq yeux sur un ou deux coursons, suivant la force du sujet.

La tache a été découverte en 1875, dans le courant de l'été, malgré une belle récolte. Il n'y avait pas de ceps morts; mais des taches jaunissantes, des sarments réduits à 0^m,40 ou 0^m,45 de long.

L'invasion remontait donc probablement à 1872 ou 1873.

1877. Au moment du premier traitement, les racines por-taient beaucoup d'insectes; les radicelles présentaient des renflements et nodosités, elles pourrissaient; les sarments avaient à peine moitié de leur longueur habituelle, et la récolte de 1876 avait mûri difficilement. La tache compre-nait deux parties : l'une, de 300 mètres carrés, trop malade a été détruite; l'autre, de 400 mètres carrés qui reste aujourd'hui, a été traitée.

Au-dessus, une vigne trop déchue a été arrachée cette année; 4 ceps sont restés isolés au milieu du terrain nu, et sont très-vigoureux. Au sud est une vigne malade non trai-tée. Au nord le coteau est déjà dénudé. Dans le bas se trouve une vigne plus belle que les autres, elle profite de la fraîcheur des eaux qui descendent par le sentier creux; la première attaquée de l'Hermitage, elle se défend, mais décline; on arrache au fur et à mesure.

La Villarde ainsi que deux autres un peu plus loin, a été traitée en 1877, par un des moniteurs de P. L. M.

1877. Deux traitements simples : le 1er, fin mars, le 2e en juillet, à raison de 40 gr. de sulfure de carbone par mètre carré distribués en 4 trous, et pour chaque traite-ment, soit pour l'année 80 gr. de sulfure par mètre carré.

1878. Un traitement réitéré, à dose totale de 30 gr. La 1re application ayant été de 16 gr. par mètre, la 2e a été faite à raison de 14 gr. et cinq jours après.

Toute la pièce a été traitée.

Le sulfure de carbone a été aidé par deux fumures appli-quées, l'une en 1877, sous forme de 10 gr. de chlorure de potassium par cep; l'autre en 1878, avec du fumier déposé dans une tranchée creusée d'un bout à l'autre entre les lignes, et de deux en deux. Cette bonne fumure, dit le

régisseur, est estimée à 25 francs le journal. L'hectare
compte 24 journaux, et la vigne 12. La dépense en fumier
a donc été de 600 francs à l'hectare.

La Commission a fait fouiller cinq ceps sur plusieurs points
de la vigne. Les racines étaient saines, lisses, et il n'y avait
pas trace de phylloxera. Sur deux, on a trouvé un beau
chevelu, mais des traces nombreuses d'anciennes blessures,
l'écorce épaisse, atrophiée, noire où bleuâtre. Le phylloxera
a dû y être abondant : on n'en trouve pas. Une autre souche au dernier rang, près de la vigne voisine, malade et
non traitée, n'a pas encore repris sa végétation normale,
elle est restée plus basse quoique verte, elle porte du fruit,
ses racines sont belles, de bonne couleur : on ne rencontre
pas de phylloxera.

La vigne voisine non traitée est un peu moins haute et
plus jaune, au premier coup de pioche on trouve l'insecte.

Les deux vignes du même propriétaire également soi-
gnées, contrastent de loin par leur vigueur et la beauté de
leur verdure avec les vignes plus ou moins atteintes qui
les environnent.

A Pradet-Villa, hameau de la Garde, commune de Toulon,
chez M. Meunier, la terre très-égale, profonde, est argilo-
siliceuse et très-riche. On compte de 4000 à 4200 ceps à
l'hectare.

La pièce dite la Vidale est plantée en Grenache de 6
8 et 10 ans. Pour le travail, la charrue fait trois où quatre
aies et la main achève le labour commencé. L'herbe pousse
avec une grande vigueur. La taille est à deux yeux sur trois
ou quatre portants. C'est l'hiver qu'on l'exécute, dès que la
fraîcheur du terrain le permet.

Avant la maladie, ces vignes, dans un sol si riche,
étaient peu fumées, et pour cela le fumier de ferme et la
chaux seuls employés.

La tache fut découverte en 1871, et l'insecte en 1872.

On fait donc remonter l'invasion à 1869, parce que, dit
M. Peligot présent à la constatation, cette terre n'étant pas
du tout calcaire, la maladie y marche beaucoup moins
vite.

Au moment du traitement, les insectes étaient nombreux
il ne restait que peu de radicelles et plus de chevelu. La végétation était languissante, les feuilles rougies, le bois réduit
à un tiers, les ceps ne couvraient plus leur terre. Malgré
cela la récolte a été bonne encore mais réduite de un tiers.
La tache était morte, et arrachée, elle occupait environ 60
ares sur les 4 hectares de la pièce.

Partout autour le vignoble était atteint. On a effectué :
1877, deux traitements simples, l'un en juin, l'autre en
octobre.

1878, deux traitements simples, en janvier et en
avril.

Mais ces traitements n'ont pas été réguliers. M. Meunier
n'a pas traité les foyers qu'il jugeait trop malades. Certains
ceps ont reçu cinq trous, d'autres trois seulement autour
d'eux ; on peut estimer cependant à 18 gr. par mètre
carré et par traitement la dose employée.

La dépense de main-d'œuvre pour les traitements est
très-variable suivant la saison. On peut la porter, dit M. Meunier, à 80 francs en moyenne. Avec 100 francs de sulfure
cela revient à 180 francs par hectare et pour un traitement.

Des recherches exécutées font reconnaître le phylloxera, mais en petite quantité. Les individus sont isolés
sur les racines, et non en traînées comme souvent.

M. Meunier ne voulant pas traiter les taches, les a arrachées et regarnies avec des plants enracinés qui se sont
de suite trouvés envahis. Les parties non traitées ont laissé
des foyers au milieu des vignes traitées. Malgré cela et les
traitements incomplets on doit constater :

Une destruction considérable, une reconstitution très-notable du système radiculaire, une végétation aérienne très-améliorée; enfin comme récolte, les deux tiers environ de ce que l'on cueillait avant l'invasion.

Au dehors, la maladie a fait de grands progrès. M. Meunier fait arracher. Les phylloxeras sont nombreux sur les racines, les feuilles rougissent, les fruits sèchent sur pied et les radicelles sont détruites.

Sur une autre pièce, le résultat est encore plus marqué.

La pièce dite Devant-la-Cuve, a 1 hect. 50 d'étendue ; elle a été plantée en 1873. En 1875, la tache était visible, une partie morte a été arrachée en 1876. Au moment du traitement, il y avait trente ou quarante taches, beaucoup de radicelles pourries, et la végétation était réduite de moitié Malgré cela, la récolte bien que fort compromise dans les taches, fut bonne.

Le traitement au sulfure a été appliqué en janvier 1877, en deux opérations, à 15 jours de distance, donnant une somme de sulfure de 27 à 30 gr. par mètre carré. Remarquons que ces traitements à 15 jours d'intervalle ne sont pas les traitements réitérés de P. L. M., qu'ils ne peuvent avoir la même énergie par la raison que, lorsque le second commence son action, celle du premier est depuis longtemps terminée.

En juillet, un traitement simple a été donné, à cause de la sécheresse trop grande.

En novembre une fumure de 40 mètres de fumier à l'hectare a été appliquée.

La vérification faite sur les racines les montre absolument régénérées, bien que portant les cicatrices de plaies anciennes. La végétation est superbe, les coursons de l'année sont le double de ceux de l'année dernière, et la récolte est normale.

Ces résultats surprenants, obtenus après deux années de traitement, lorsque ceux-ci même n'ont pas été bien

rigoureusement appliqués, sont dus en bonne partie, on ne
saurait le nier, à l'extrême fertilité du sol.

D'autres visites faites par la Commission ont amené
des constatations analogues. Il serait bien long et inutile
peut-être de les rapporter en détail. Voici seulement les
points les plus importants des procès-verbaux.

Au Galletas, chez M. Renouard, terre argilo-calcaire,
1^m,50 de profondeur. Tache découverte en 1875 ; attaque probable en 1874.

1877. A ce moment, les phylloxeras abondent sur les
racines, il n'y a plus de radicelles, mais les grosses racines ne sont pas encore décomposées. La végétation est
diminuée de 1/2 partout et 2/3 dans les taches.

Lesdeux taches marginales s'étendent à 100 mètres carrés
dans le haut de la vigne et 150 mètres dans le bas. Le
voisinage est presque entièrement détruit.

Les ceps ont reçu en février 1877, et avril 1878, 30
grammes de chlorure de potassium par souche.

1877. Un traitement réitéré dans la partie basse, du
15 mars au 4 avril, à huit jours d'intervalle, soit au total,
30 grammes de sulfure par mètre carré.

Dans la partie haute, un traitement simple à 25 grammes
de sulfure par mètre carré.

1878. Du 15 au 30 mai, un traitement réitéré sur
toute la vigne, à raison de 32 grammes par mètre carré,
pour le traitement complet, les deux opérations se suivant
à cinq jours d'intervalle.

Le 15 juillet, nouvelle injection de 15 grammes par
mètre carré dans les trois rangées inférieures constituant la
tache.

A la vérification des racines, on trouve une destruction
à peu près complète des phylloxeras, reconstitution entière
du système radiculaire, végétation à peu près normale ; et
comme fructification, une bonne récolte ordinaire succé-

dant à celles de 23 hectolitres en 1877, et de 10 hectolitres en 1876.

A la Novarre, chez M. Marius Olive, sol argilo-calcaire, extrêmement sec, à profondeur variant de $0^m,40$ à $1^m,50$. Vigne très-négligée, attaquée probablement en 1869; la découverte en a été faite en 1871.

En 1877. Racines couvertes d'insectes, pas de radicelles, végétation diminuée de moitié, pas de fruits. Taches confluentes, et voisignages détruits.

Application du 28 juin au 7 juillet de 11 grammes de sulfure par mètre carré, plus 8 grammes dans l'ouillière, quand il n'y avait pas de blé dans cet intervalle des lignes.

1878. Un traitement réitéré en février, à raison de 32 grammes, total des deux applications par mètre carré : toute la vigne a été traitée.

De ce traitement au 10 juillet, disent les témoins, la réussite semblait complète. La végétation était bonne, elle promettait plus qu'elle n'a tenu.

La vérification a montré très-peu d'insectes, la régénération du chevelu, une amélioration remarquable de la végétation, eu égard surtout au faible traitement. Peu de fruit, mais plus, parait-il, que l'année dernière.

Ce qu'il y a de remarquable dans cette visite, c'est le bon état relatif dans lequel les vignes ont été maintenues avec une si faible dose de sulfure, alors que tout le voisinage est détruit.

A Launac, M. Henri Marès a beaucoup employé le sulfure de carbone seul, ou associé aux sulfocarbonates.

Il a traité ainsi le point d'intersection des cuvettes destinées au traitement par le sulfo-carbonate avec l'eau.

Une pièce de vigne a été traitée au sulfure de carbone pur, comme suit :

1877. Trois applications en mars, fin mai et juillet, à la dose de 21 grammes par souche ou 9 grammes par

mètre carré et pour chaque application : soit donc 27
grammes par mètre carré pour l'année.

1878. Deux applications, l'une à la fin de février,
l'autre fin juin, en terres mouillées, à la dose de 18 grammes par mètre carré et par application : soit environ 40
grammes pour l'année.

Il a obtenu une grande destruction d'insectes et n'a pas
observé d'accidents dans la végétation. Tout dépend, selon
lui, du moment choisi pour le traitement. Il compte, cette
année, en donner un troisième en automne.

Le point d'attaque de 1872 est encore vivant. Les pousses sont faibles, mais il reste bien vert.

Au Mas de Las Sorres, le sulfure de carbone a été essayé
par les moniteurs de P. L. M. Voici les résultats compara-
tifs obtenus. Nous les devons à l'obligeance de M. Durand,
professeur à l'école nationale d'agriculture et l'un des
expérimentateurs de Las Sorres.

SULFURE DE CARBONE.

(PROCÉDÉ DE LA COMPAGNIE P. L. M.)

VIGNE DE LA CHAPELLE.

	Années	Poids des raisins de 1 cap.	Longueur des sarments.
1re Parcelle :			
	1877	0k,917	0m,90
	1878	0k,812	0m,90
2e Parcelle :			
	1877	1k,279	0m,90
	1878	0k,927	0m,90
3e Parcelle :			
	1877	1k,318	1m,00
	1878	0k,560	0m,80

Note. — La compagnie P. L. M. a commencé à opérer en 1877. Au début elle a employé, malgré l'avis de la commission de l'Hérault, des doses trop fortes : 65 gram mes pour la première application. Les deux traitements de mai et juillet 1877 ont d'abord nui à la végétation ; mais en septembre de la même année, la parcelle traitée par la compagnie P. L. M., était plus verte que celles qui ont reçu la sulfoléine (procédé Rousseler) et du sulfure de carbone additionné de coaltar, ou des cubes Rohart.

En 1878, la partie traitée deux fois dans l'année par la compagnie P. L. M., est encore plus verte en octobre que les autres parcelles. Elle est en meilleur état qu'en 1877 ; mais les progrès sont bien lents et peu sensibles !

Domaine du Boscq, commune de Vias, appartenant à M. Dufour. La terre est siliceuse-potassique, de profondeur très-variable. Les vignes de Terret-Bouret, Carignane, Mourastelle, ont de huit à vingt ans. La culture est celle du pays.

En 1875, l'ensemble du vignoble était assez beau, mais des taches disséminées se montraient sur toute son étendue. Dans les taches, les radicelles étaient fort compromises, la végétation aérienne fléchissait. Malgré cela, la récolte fut en 1877 très-belle, alors que tout le pays était infesté.

Des applications de sulfure furent faites suivant des procédés variés : sulfure pur, insufflé, coaltaré, cubes Rohart.

1878. Traitement d'hiver réitéré, à 15 grammes par traitement, soit 30 grammes par mètre carré.

L'application a un peu varié, — il y a eu des omissions. — Au printemps, un traitement simple fut appliqué dans les taches et les vignes plus malades, ainsi qu'une fumure de fumier de ferme et chlorure de potassium.

On a pu remarquer après chaque traitement une dimi-

nution considérable des insectes, sauf dans une petite partie.
La reconstitution des racines est généralement obtenue. La
végétation s'est améliorée dans les taches, et l'on aura,
malgré la coulure et la sécheresse, une demi-récolte.

Peu de jours avant sa mort si imprévue, M. Edl-Duffour,
écrivant à l'un de nos collègues, M. Oliver, exprimait
ainsi son jugement sur le sulfure de carbone.

« Les traitements au sulfure de carbone m'ont donné
» les résultats que je pouvais et que je devais attendre,
» eu égard aux conditions défavorables d'extrème séche-
» resse dans lesquelles j'ai opéré.

» J'y ai dépensé beaucoup plus d'argent, et les radi-
» celles mettent beaucoup plus de lenteur à se recon-
» stituer dans le milieu entièrement aride où elles végé-
» tent.

» Des faits importants restent néanmoins acquis à mes
» essais, c'est la couleur verte du feuillage de mes vignes,
» la grande diminution de l'insecte aux racines, et dans
» les terrains moins secs, l'émission d'un chevelu nou-
» veau.

» La comparaison avec les vignes voisines non traitées
» ne me laisse aucun doute sur les bons effets qu'on doit
» en attendre, et je suis certain qu'ils seraient autrement
» évidents, si nous pouvions sortir de cette horrible
» sécheresse qui finira par tuer les vignes que j'ai à peu
» près débarrassées du phylloxera. »

M. Duffour se plaignait de la sécheresse, mais l'observation pourrait être généralisée. Cette année, la coulure, la
répercussion de séve surtout, dont beaucoup de vignes ont
souffert, nuisent singulièrement, ainsi que le remarquait
M. H. Marès, à l'appréciation que l'on peut faire des vignes,
à la suite des traitements.

M. Jossan, à Baboulet, commune de Capestang, a montré
à la Commission un excellent spécimen de vignes bien
intelligemment traitées au sulfure de carbone. M. Jossan,

cultive une terre argilo-calcaire, friable, d'excellente qualité. Son vignoble tenu avec un ordre parfait est régulièrement fumé en plein tous les cinq ans ; c'est une sorte d'assolement de fumure. Celle-ci se compose de 1 kilogramme de fumier ou crottin de brebis et 80 grammes de chlorure de potassium par souche.

L'invasion a été découverte en 1877. Elle remontait probablement à 1876. Il y avait alors quelques taches, beaucoup d'insectes, des radicelles en mauvais état. Les grosses racines n'étaient pas attaquées, la végétation était bonne ainsi que la récolte. C'est grâce à sa vigilance que M. Jossan put découvrir, aussi vite, les taches nombreuses qui successivement se révélèrent et soigner cet hiver, en donnant partout un traitement à 15 grammes par mètre carré, réitéré sur les taches seulement. Celles-ci reçurent, par conséquent, 30 grammes de sulfure de carbone par mètre carré.

De toute l'année, il ne fut pas possible de trouver un insecte. Ils se montrent depuis un mois environ. Cette vigne offre une végétation normale. Les racines sont très-belles et les quelques phylloxeras de nouvelle invasion qui se rencontrent, ne pourront nuire à son beau chevelu. La production est bonne, malgré la gelée ; car beaucoup de bourgeons sont repartis et portent fruit. C'est la confirmation de ce que déjà nous avons eu l'occasion de dire, qu'avec une vigne prise à temps, peu malade, il n'y a pas d'affaiblissement de production.

Grâce à sa vigilance, nous insistons sur ce point, M. Jossan a pu découvrir, dès les premiers moments, les points d'attaque. Il traite d'abord une assez large surface de précaution, et il ne réitère que sur les taches, alors peu étendues. Le sacrifice que nécessite le traitement se trouve ainsi notablement diminué, et devient possible, même dans les pays de petit produit. La vigne de cette façon protégée ne se défendrait peut-être pas indéfiniment dans une contrée de toute part envahie ; mais tout au moins est-il permis de penser qu'elle aurait donné sans interruption des récoltes rémunératrices bien après que les vignobles voisins non traités auraient disparu. L'intelligence dans l'application et la vigilance incessante du propriétaire sont ici les premières conditions du succès.

Voici d'après M. Jossan le prix de revient d'un traitement simple à 15 grammes par mètre carré.

150 kilog. du sulfure à 50 francs.   75 fr.

Main-d'œuvre. Travail à 0 fr. 35 l'heure.

40 souches à l'heure, pour 4,400.   35
                                      ————
                                       110

2ᵉ traitement.   110
                              ————

    Traitement réitéré. . .   220

Traitement simple de printemps. 110
                              ————

            Total. . .   330 fr. pour l'année.

Les frais d'exploitation peuvent s'évaluer à. . . . .   600 fr.

La récolte moyenne est de 90 hectolitres à l'hectare au prix moyen de 12 à 13 francs l'un. La valeur moyenne d'un hectare complanté est de 6,000 francs.

On sait qu'à Prades (Pyrénées-Orientales) le phylloxera s'est révélé tout à coup cette année et que les premières investigations l'ont montré installé sur plus de 20 hectares disséminés sur treize communes. L'invasion, qui jusquelà avait passé inaperçue, datait probablement de 1873-74. La commission de vigilance, dont on ne saurait trop louer l'énergie en semblable circonstance, réunit le 27 février les principaux propriétaires vignerons, ouvrit une souscription destinée à commencer les traitements de vignes malades. Le 3 mars, elle demandait à la compagnie P. L. M. du sulfure, des pals et des moniteurs. Les opérations commencèrent bientôt, et furent dirigées avec un zèle et un dévouement dignes d'éloges par M. Billès, directeur des travaux.

Les traitements opérés à Prades peuvent nous fournir un prix de revient aussi exact que faire se peut, puisque toutes les dépenses sans exception, payées sur les fonds de la souscription, ont donné lieu à une tenue de compte régulière et exempte d'erreurs. Voici les renseignements précis que nous devons à l'obligeance de M. Paul Olivert notre collègue, qui fut dans les Pyrénées-Orientales l'âme de la défense.

« Traitement au sulfure de carbone à Prades, Catlla, » aux Masos, Clara et Villerach, du 29 mars au 31 juillet » sans interruption. »

Pour un traitement simple :

Intérêt à 5 p. 100 pour l'achat des pals à
40 fr. l'un. . . . .   30 »
Réparations aux pals injecteurs, outillage,
bidons, entonnoirs, factage, transports de sulfure dans les propriétés. 335 70
80 barrils de sulfure à 50 francs l'un. . .   4,000 »
Salaire des ouvriers, 735 journées. . . .   2,206 45
                                        _____
              Total. . . .   6,572 15

Les honoraires du moniteur envoyé par la compagnie P. L. M. (soit 5 francs par jour) ne sont pas comptés, parce qu'un propriétaire pourra se passer de cet aide.

Surfaces traitées au sulfure de carbone.

A Prades. . . . .   14 h. 74 a. 90 c.
A Catlla. . . . .   18 h. 13 a. 50 c.
Aux Masos. . . . .   37 a.
A Clara et Villerach. . . . .   6 h. 84. a.
                            _____
        Total. . . .   40 h. 09 a. 40 c.

Nombre de trous pratiqués au pal injecteur :

A Prades.	305,659
A Catlla.	390,971
Aux Masos.	10,192
A Clara et Villerach. . .	173,536
Total. . . .	880,358

» Les applications ont été faites à raison de 8 et 10 gram.
» par trou. Les ceps espacés à 1m 25 ont reçu le sulfure
» distribué en quatre trous, autour d'eux, soit 29 à
» 32 gram. par mètre carré. »

Le prix du traitement revient à :

Fr. 163,91   par hectare.
        0,0074 par trou d'injection.
        0,0296 par cep traité.

« A Prades, à Catlla, et surtout à Villerach, là en un
» mot où le pal a pu pénétrer profondément, les bons effets
» sont incontestables.

» A la dose de 32 gram. par mètre carré, le phylloxera a
» été tué d'une manière à peu près complète. Un mois après
» l'application, on ne trouvait que de rares survivants.
» Sur les points ainsi traités, la récolte est arrivée à matu-
» rité.

» Les propriétaires, dont nous avons traité les vignes,
» n'ont pas voulu fumer; aussi la vigne quoique verte
» a les sarments très-courts. Cet arrêt, dans l'allongement
» des sarments, n'a pas uniquement pour cause la séche-
» resse; je crois que le traitement au sulfure de carbone a
» pour effet d'enrayer en partie la végétation. La reconsti-
» tution des racines a lieu dans une certaine proportion,
» quoique sans fumure. On trouve de nouvelles radicelles,
» et très-peu de phylloxeras. La réinvasion de juillet,
» août, n'est pas très-forte; cela tient peut-être à ce que
» toutes les vignes malades ont été traitées.

» Il est certaines vignes traitées en juillet où on n'a
» donné que 5 à 6 grammes par coup de piston ; on crai-
» gnait la brûlure des vignes (soit 17 à 19 grammes par
» mètre carré), toujours traitement simple. Les phylloxeras
» abondent en ce moment, le cep continue à dépérir, la
» moitié des grains de raisin ne mûrit pas.

» Il faut donc faire les traitements au sulfure de car-
» bone en hiver.

» De plus si on fait un traitement simple, il faut
» porter la dose à raison de 29 à 32 grammes par mètre
» carré. »

Les observations de notre collègue viennent à l'appui de
tout ce que nous avons dit.

Dans tous les exemples cités et que la Commission a pu
voir, les effets du sulfure de carbone ont été évidents, la
reconstitution des vignes certaine et souvent assez rapide
pour quelle fût complète dès la deuxième année. Mais dans
presque tous les terrains répondent à ce signalement :
argilo-calcaire, argilo-siliceux, caillouteux ou non, mais
profonds, doués d'une certaine fertilité. Là où le sol est
plus sec, plus superficiel, le succès se fait attendre. Nous
croyons cependant pouvoir dire que partout la destruction
de l'insecte a été suffisante pour débarrasser la vigne et lui
permettre de réparer ses pertes. La rapidité de cette restauration ne dépendant que de sa vigueur et des conditions
de sol et de climat où elle se trouve placée. Remarquons
aussi que dans tous ces exemples, les traitements d'hiver
ont suffi. Le comité de P. L. M. s'arrête maintenant,
du reste, à ces prescriptions : un traitement réitéré d'hiver,
pour détruire tous les hibernants, toute la colonie souterraine ; puis un traitement simple de printemps.

A Mancey, les résultats donnés par l'emploi du sulfure de
carbone n'ont pas pu être constatés aussi nettement.

La vigne des Roches, appartenant à M. Millot, le maire,
est en terrain argilo-siliceux très-perméable et peu profond,

0ᵐ 30, reposant sur la roche calcaire, il est caillouteux. L'attaque a été découverte en 1876, elle comprenait 30 pieds. Elle ne fut traitée qu'en juillet 1877 avec 20 gr. injectés à l'aide du pal Gastine.

En septembre, une deuxième injection de 10 grammes fut faite. Il n'y eut pas d'accident, malgré l'application estivale. En 1878 le premier traitement fut donné en mars, avec 14 grammes. Le deuxième et le troisième en mai, à 10 grammes chacun et à huit jours d'intervalle. L'injection totale a donc été de 34 grammes.

Sous l'effet du traitement la vigne a reverdi, ses pousses s'allongent, la tache s'atténue ; il y a peu de fruit, mais une reconstitution marquée. Le prix du traitement calculé sur la moyenne de ceux qui ont été faits dans la commune est de 126 francs.

Ses bons effets s'accusent d'une manière plus palpable dans les deux propriétés Couvillion et Freteau séparées par un petit sentier. L'attaque a été découverte en 1878 seulement. L'année dernière, un seul cep jaunissant avait été remarqué à la limite des deux vignes. Celles-ci sont de même âge et dans des conditions identiques.

Au printemps 1878, elles semblent pousser avec la même vigueur. Sur la demande de l'un des propriétaires, sa vigne fut traitée, elle a bien poussé ; l'autre est restée stationnaire, elle jaunit, tandis que la première est d'un vert sombre.

A l'école de la Gaillarde, des traitements au sulfure de carbone, d'après les instructions de P. L. M., ont encore été tentés sur la pièce de vigne Mestronne des 71 ares. Le traitement complet a été appliqué ici ; c'est la première fois que la Commission en rencontre un exemple.

Les applications ont été faites comme suit :

1ᵉʳ traitement : 1ʳᵉ application du 1ᵉʳ au 13 mars ;

           2ᵉ   —   13   20 —

2° traitement : 1re application du 15 au 23 juillet ;

       2°   —   24 2 août.

La dose réglementaire était de 15 grammes par mètre carré et par application ; soit 30 grammes par mètre carré et par traitement ; 60 grammes par mètre carré pour le traitement annuel. On a pratique sept trous par souche, à 5 grammes par trou. Il a été employé 426 kilog. de sulfure, à 50 francs. . . . . 213 »

30 journées d'ouvrier à 2 fr. 70. . . . 82 50

                        295 50

La même vigne a été fumée et a reçu 21,300 kilog. de fumier à 12 fr. 40 les 1000 kil. 242 80

       Total des frais. . . 538 30

Rapportés à l'hectare ces frais sont :

416 fr. pour l'application du sulfure de carbone
342 fr. pour la fumure.

758 fr. pour le total.

Cette vigne s'est maintenue quand tous les environs sont détruits. N'oublions pas que c'est là un traitement d'une année, et que dans une vigne malade, il faut savoir attendre la convalescence. Les fruits, au jugement de **M. Camille Saintpierre**, sont beaux et arriveront à maturité complète.

Dans la partie la plus éloignée de la vigne, une parcelle n'a pas été traitée. Ici la différence s'accuse, on l'estime à moitié en faveur de la vigne traitée.

Cependant, celle-ci n'est pas vigoureuse.

Quinze jours après l'application, on retrouvait, paraît-il, des phylloxeras aux racines. Le chevelu est peu abondant et porte des insectes assez nombreux, ce qui, à cette saison, n'aurait rien d'anormal (1).

Il faut tenir compte de la sécheresse particulière à l'année, sécheresse telle que les pals n'ont pas bien fonctionné, que partout la régénération des racines s'est vue compromise. A cette première cause d'affaiblissement dans l'action du traitement, il faut joindre l'intervalle peut-être un peu long, pour la saison, entre les deux applications ; ce qui ferait perdre le bénéfice des traitements réitérés, tels que les comprend le comité régional.

Le comité régional de Marseille n'a pas borné ses études à la défense de vignes attaquées. Il s'est posé le problème de la replantation de vignes, à l'aide de plants français, en terrain phylloxéré.

Sur une vigne arrachée et morte, il a fait planter une collection de cépages français et européens, au moyen de boutures. Au milieu, une tache artificielle a été créée avec des plants enracinés.

Dès le mois d'août, ceux-ci manifestaient déjà, par leur couleur, des souffrances dues à la présence de l'insecte. Quant aux boutures, elles ont pu s'enraciner sans porter un seul phylloxera de toute l'année. En octobre, un traitement a été donné par la méthode réitérée, à raison de 4 gr. par trou, et en disposant quatre trous autour du cep. Vingt jours après, l'examen minutieux des racines n'a pu amener la découverte d'un seul aphidien.

1878. — Les applications n'ayant été faites que dans la seconde quinzaine d'octobre, les expérimentateurs avaient laissé passer, volontairement toutefois, l'essaimage. Il n'est

---

(1) Cette vigne Mestronne portée en 1876 pour 2012 k. de raisins
$$1877 \quad - \quad 2085 \quad -$$
a donné 1873 — 1595 k. seulement.

Elle se soutient mieux que les vignes Malane et Claparède, que nous signalons aux traitements par le sulfo-carbonate. Ici, la baisse de récolte est comparativement faible.

donc pas surprenant que cette année l'on ait retrouvé
sous le vent, vingt pieds phylloxérés. Ils ont été laissés
sans traitement, et la Commission a pu les examiner. La vigne
elle-même n'a pas été traitée parce qu'il était impossible
d'y rencontrer un insecte ; or ceci laisserait supposer une
destruction complète ; et en effet l'ancienne tache, avec
des racines très-belles aujourd'hui, porte les traces d'anciennes blessures, elle a un très-beau chevelu, une végétation très-vigoureuse. Les vingt plants nouvellement envahis
au contraire ont les feuilles jaunissantes, les racines fort
attaquées.

Ces vignes ont été fumées comme doit l'être toute plante
cultivée.

Sur des muscats de Malaga se montrent des galles. Elles
n'ont paru qu'en juillet, sur rameau secondaire, et, pense
M. Marion, sont le fait d'insectes aptères qui ne descendent pas directement de l'œuf d'hiver.

L'avenir dira quel espoir fonder sur ces tentatives de
replantation, en terrain phylloxéré, à l'aide de nos cépages
si peu résistants. Si dans les insecticides agissant sur vieil-
les vignes, l'efficacité, une fois bien constatée par la destruction de l'insecte, permet de conclure immédiatement à
la possibilité de la défense, parce que la vigne débarrassée de
son ennemi, livrée à ses forces naturelles, — et les circonstances de milieu aidant, — entrera d'elle-même en convalescence; peut-être n'en serait-il pas de même avec de jeunes
plants, dont le système radiculaire peu développé se défendrait mal d'attaques trop sérieuses et répétées. M. H. Marès ne semblait pas perdre tout espoir dans ce sens, lorsqu'à la séance de la société d'agriculture de Montpellier, il
invoquait ce fait, que les jeunes plantiers, même en terre
phylloxérée, résistaient bien deux ans, et souvent la première année, semblaient indemnes. La Commission, en
diverses places, dans la fameuse phylloxérure même de
M. Reich à l'Armeillère, a pu vérifier le fait, et M. H. Ma-

rès concluait en se demandant si cette sorte d'indemnité, naturelle à la vigne dans son jeune âge, n'était pas un encouragement, ne permettait pas d'attendre, ne donnait pas le temps de traiter ?

Quoi qu'il en soit, la question théorique de la possibilité de traitement, résolue affirmativement, malgré même les quelques anomalies qui se présentent, comme les succès complets de Marseille ou de Libourne, les résultats douteux ou nuls de l'Hérault ou du Gard, reste la grande question économique qui s'impose.

Les traitements du comité P. L. M. ont en vue une destruction complète. Ils s'appliquent à des tâches, à des foyers à éteindre ; sont-ils possibles dans les traitements réguliers de vignes étendues totalement envahies ? C'est à la pratique de répondre, et elle semble hésiter. Nous avons donné en passant quelques prix de revient présentant une certaine garantie d'exactitude. Une exactitude complète est impossible, tant les conditions d'application peuvent varier. A vrai dire, c'est le prix surtout que l'on reproche à ces sortes de traitements réitérés, renouvelés simples ou complets dans le courant d'une année. M. Giret à Béziers, comme M. Guiraud et M. Causse à Nîmes, reconnaissent bien l'efficacité du sulfure de carbone ainsi administré, et son pouvoir destructeur ; mais d'après eux, le prix de revient pèserait trop lourdement sur le produit de leurs vignes.

Si pour baisser le prix du traitement, on risque de diminuer sa puissance, nous restreignons le nombre des applications, nous abandonnons peu à peu le premier objectif que le comité régional de Marseille s'était proposé, et nous arrivons insensiblement aux données pratiques d'un autre centre fameux d'études et d'application du sulfure de carbone, à la méthode de l'association viticole de Libourne.

Méthode de l'association viticole de Libourne.

— L'association viticole de Libourne est due à l'initiative privée ; c'est un fait assez rare, pour mériter une mention particulièrement élogieuse. Elle s'est constituée aux premières atteintes de la maladie, quelques mois seulement avant que le comité régional de Marseille ne fût installé.

Dès le principe, elle semble avoir eu pour but la solution pratique, en recherchant les moyens d'arriver à un état de tolérance avec l'insecte, aux moindres frais possibles.

Organisation. — Le sulfure de carbone fut l'instrument sur lequel se portèrent ses espérances et se concentrèrent ses essais. Convaincue que des expériences particulières et faites en petit ne pouvaient avoir l'influence nécessaire pour une direction générale ou donner la certitude découlant d'épreuves variées, elle voulut confier les siennes à plusieurs mains, les disséminer dans plusieurs contrées, les effectuer sur des surfaces assez étendues. Elle tint cependant à conserver l'unité directrice indispensable. Des commissions furent donc instituées et chargées d'opérer dans chacun des neuf cantons viticoles de l'arrondissement. Un programme, discuté d'avance et arrêté en séance, fut confié aux présidents qui s'engagèrent à l'exécuter fidèlement. Des commissions spéciales eurent pour mission, dans le courant de l'année, d'aller visiter les essais et constater leur état. Leurs rapports, joints à ceux des présidents cantonaux, discutés en commun, de façon à éviter autant que possible l'erreur ou la fausse interprétation des résultats, donnaient les éléments de conclusions à tirer des faits ainsi étudiés tant pour les points acquis définitivement, que pour ceux qui allaient réclamer de nouvelles études. On comprend qu'aussi puissamment armée, aidée d'ailleurs des découvertes d'observateurs de premier mérite, l'association viticole de Libourne soit très-vite arrivée à déterminer d'une façon rationnelle l'époque des traitements, le nombre de ceux-ci et les doses utiles de toxiques, pour le but poursuivi.

Sa méthode aujourd'hui parfaitement arrêtée et sûre pour la région de Libourne, se définit ainsi : Application unique de sulfure de carbone pur, pendant le sommeil complet de la végétation, c'est-à-dire du 15 novembre au 15 février, à la dose annuelle et minima de 200 kilog. par hectare en une seule application, comprenant le forage de deux trous par mètre carré.

On voit de suite quelle étroite communauté de vues unit le comité de P. L. M. et les expérimentateurs de l'association de Libourne.

La température, l'état du terrain plus humide et homogène favorable à la diffusion plus lente, régulière, à plus longue distance et avec cela plus persistante du sulfure de carbone, indiquaient le traitement d'hiver non moins que les études biologiques qui, à cette époque, représentaient les colonies entières de l'insecte, sans aucun mélange d'œufs où pseudovas, réunies sur les racines.

Le traitement unique est préféré aux traitements réitérés parce qu'il suffit, dans la région, et est plus économique ; qu'un second au printemps serait inutile en l'absence des phylloxeras, et que la réinvasion annuelle de fin de juillet et août est pratiquement négligeable. La dose de 200 kilog. a été fixée après des expériences multipliées qui ont montré qu'à ce taux minimum seulement, la destruction de l'insecte était assez complète pour donner aux racines une année de vacances et permettre leur reconstitution ou un fonctionnement normal.

Enfin, deux trous d'injection par mètre carré suffisent dans tous les cas à l'infection complète du terrain, avons-nous vu, dans les recherches du comité P. L. M. ; et il y a tout intérêt, au point de vue de la main-d'œuvre, qui joue un rôle si considérable dans le traitement, à choisir le nombre strictement nécessaire.

L'application régulière de la méthode a partout, dans la région, amené des résultats identiques.

Notre Commission a pu en voir un bel exemple, sur le vignoble entier de MM. Giraud frères à Pommerols. Nous ne pouvons mieux faire que de transcrire ici la note que M. Giraud a bien voulu nous remettre à la suite de la visite, et dont la parfaite exactitude peut être attestée par la Commission.

« Mes traitements remontent, pour une partie à trois » années; je les ai étendus à mesure que j'en ai constaté » l'efficacité. Cette année, j'ai traité environ 11 hectares » et je me propose de doubler à peu près cette quantité » l'an prochain. C'est vous dire que les résultats obtenus » me donnent une pleine confiance.

» La première pièce dans laquelle j'ai conduit la Com- » mission avait été traitée, cette année, pour la première » fois, sauf deux petites parcelles qui étaient au second » traitement. Cette pièce de 4,500 ceps était complétement » atteinte, l'an dernier, et réduite à une très-faible végé- » tation. La Commission a pu constater qu'elle est, cette » année, parfaitement verte, que la végétation ne s'y est » pas arrêtée, que le système radiculaire s'est bien reformé, » et que les deux parcelles qui ont reçu deux traitements » offrent des sarments sensiblement plus longs et plus » forts que le reste de la pièce, bien qu'elles eussent été » les premières atteintes et dussent être aujourd'hui les » plus malades.

» Il en a été de même partout. La première année, re- » verdissement des vignes et reformation des radicelles; » la deuxième année, élongation des sarments, et la troi- » sième, retour de la fructification, qui n'est abondante » nulle part cette année dans la commune; mais qui n'est » pas sensiblement inférieure à l'ensemble dans les vignes » soumises à un troisième traitement.

» Ce résultat s'est manifesté, dès la deuxième année, » dans les vignes qui n'avaient pas atteint, avant le trai- » tement, un degré très-avancé de dépérissement.

» J'ai soumis à la Commission un exemple frappant de
» reconstitution sur une parcelle de 625 ceps, traitée offi-
» ciellement en novembre 1876, par l'association viticole
» de Libourne sur mon domaine

» Au moment du premier traitement il fut fait un relevé,
» cep par cep, de la force, de la longueur des sarments.
» Ce relevé donna les chiffres suivants :

156 ceps, végétation normale.
191 —   —   moyenne.
179 —   —   faible.
96 —   —   très-faible, presque nulle.
3 —   —   morts.

» Le même relevé fait le 10 août dernier, à la seconde
» année de traitement m'a donné les chiffres suivants :
476 ceps, végétation normale.
91 —   —   moyenne.
34 —   —   faible.
6 —   —   très-faible.
18 —   —   morts.

» La Commission a également remarqué six rangées de
» vignes appartenant à un voisin qui ne leur a donné aucun
» traitement, et enclavées, par trois côtés, dans mes vi-
» gnes traitées. Ces six rangs sont morts, à 10 ou 12 ceps
» près, et les vignes traitées qui les entourent sont dans
» un bon état de végétation.

» Ailleurs, j'ai soumis à la Commission un exemple en
» sens inverse. J'ai une parcelle de vigne de 1,000 ceps,
» visiblement atteinte dès 1873, et qui, restée sans traite-
» ment jusqu'en 1876, était arrivée au dernier degré de
» dépérissement.

» Traitée au sulfure en 1876-1877, et 1878, elle a repris
» une végétation à peu près normale. Absolument stérile,
» depuis 1874, — on n'y vendangeait plus — elle me
» donne cette année une moyenne exactement comptée

» de 3 grappes 1/4 par cep. C'est peu, mais il faut tenir
» compte de la disette générale de l'année dans la com-
» mune. Cette parcelle était entourée, des quatre côtés,
» de vignes fort belles qui sont aujourd'hui arrachées ou
» mortes ou mourantes, ainsi que la Commission l'a cons-
» taté. Partout d'ailleurs, où mes vignes traitées sont con-
» tiguës à d'autres non traitées, la différence est saisis-
» sante.

» Je ne puis donc plus douter de l'efficacité des traite-
» ments au sulfure de carbone ; et quand je compare mon
» point de départ à l'état actuel, je demeure convaincu
» que j'arriverai à une restauration complète.

» J'opère sur un sol silico-argileux, mêlé de cailloux
» plus ou moins abondants. Je ne fais qu'un seul traite-
» ment pendant l'hiver, à raison de 200 et quelques kilog.
» par hectare, distribués en 20,000 trous qui reçoivent
» 10 gramm. chacun. J'opère avec le pal Gastine et le pal
» Dauzats. Mon prix de revient a été très-exactement
» de 177 fr. 50 par hectare.

» Quand j'ai pu seconder le traitement par quelques
» engrais, l'effet a été plus rapide au point de vue de la vé-
» gétation, mais partout je suis arrivé à une destruction à
» peu près absolue de l'insecte, jusqu'à la réinvasion du
» mois d'août qui arrive, heureusement, quand la végé-
» tation est à peu près terminée.

» Tels sont les renseignements que je puis fournir et
» dont je garantis l'exactitude. J'ai travaillé sans parti pris,
» avec peu de confiance d'abord, et je n'ai étendu mes
» opérations qu'en présence des résultats obtenus. »

L. GIRAUD,

Négociant à Libourne et propriétaire à Pomerol.

Les vignes visitées à Saint-Emilion, sous la conduite
obligeante de M. Ducarpe, et chez M. Albert Piolay, don-

nent des résultats analogues qu'il est inutile de répéter
Ils sont conformes à tout ce que nous avons vu chez MM. Giraud frères, ou dans les autres expériences au sulfure de
carbone ; conformes à tous les renseignements que les présidents de sections cantonales ont bien voulu venir donner
à la Commission et que l'on trouve dans les rapports de
l'association viticole.

La vigne de M. Piola, au domaine du Pourret, fait seule
exception. Elle est en terrain calcaire sec et peu profond.
Dans de semblables terrains, disent les conclusions de l'association viticole, « le sulfure de carbone paraît devoir
» exiger au moins jusqu'à nouvel ordre, l'emploi supplé-
» mentaire de fumures fréquentes. »

M. Paul Oliver dit d'un autre côté, « que dans leurs
» essais de Prades, en terrains calcaires, secs, peu pro-
» fonds, à sous-sol schisteux, le sulfure de carbone a
» donné des résultats négatifs. »

On comprend, d'après les lois de la diffusion posées par
le comité P. L. M., que dans ces sols superficiels, le sulfure
de carbone, par suite de déperditions trop actives, n'ait plus
la même énergie et la même durée d'action. La nature de
ces sortes de sols, *peu racinants*, ajoute une nouvelle cause
d'insuccès, et les fumures, ailleurs si utiles, doivent être
ici indispensables.

En prescrivant les traitements d'hiver, pendant le sommeil complet de la végétation, l'association de Libourne
a eu encore pour but d'éviter les accidents fréquents sur
la végétation amenés, dans la contrée, par les applications de
sulfure.

Ces accidents ne se produisent pas dans le Midi ; quelle
est leur cause ? On ne le sait pas d'une manière certaine.
Le plus sûr a donc semblé de s'y soustraire. Le traitement
d'hiver y réussit et donne encore l'avantage, fort appréciable dans un temps où la main-d'œuvre est si rare, de

ne réclamer un nouveau secours des bras qu'à une époque
considérée comme morte-saison.

Dans ses nombreuses visites, la Commission a souvent
rencontré des applications de sulfure faites par divers
procédés. Ainsi le sulfoléine de M. Rousselier à l'école
d'agriculture de Montpellier, a soutenu en bonne santé
des carrés de vignes françaises situés à l'entrée de l'école,
malgré les attaques du phylloxera. Les gros cubes Rohart
fraîchement préparés ont donné de bons résultats tant
dans le Libournais qu'à Cognac, chez M. Moulon, les petits
cubes se sont montrés bien inférieurs, et les cubes gélatinés n'ont pu être appréciés.

Le sulfure coaltaré, qui a servi aux premières expériences de l'association viticole de Libourne, agissait comme
le sulfure de carbone pur, et M. Vergniol, président de la
commission de Pujols, croit remarquer avec son emploi
une meilleure reconstitution des racines.

La Commission ne condamne point tous ces procédés,
souvent ingénieux. Elle ne peut que constater leur inuti-
lité en présence du sulfure de carbone pur, qui, par une
bonne application, suffit à toutes les conditions et à meilleur compte.

A Libourne, comme partout ailleurs, malgré les meilleurs traitements, il y a, en juillet-août, une réinvasion.
Toutes les commissions cantonales les constatent ; mais
toutes remarquent en même temps que cette invasion,
toujours négligeable, diminue d'intensité à mesure que
les traitements se multiplient et que la vigne revient en
santé.

N'arrivera-t-il pas un instant ou la vigne refaite, mise
en état par conséquent de supporter, comme la première
fois, une ou deux années de nouvelles attaques, le traitement pourrait être suspendu? Cette possibilité ne verra-
t-elle pas augmenter ses chances, par ce fait de la diminution constatée, arrivant peut-être à la nullité presque

complète de la réinvasion annuelle de juillet ? Et pour cela une nouvelle présomption ne se trouverait-elle pas encore au profit des vignes situées en plein massif traité ?

Cette idée, alors que l'on ne poursuit d'autre but que de mettre la vigne en état de tolérance vis-à-vis de l'insecte, acquiert, au point de vue économique, une grande importance. Bien des chances, à *priori*, lui semblent acquises. Mais, en ces sortes de questions, l'expérience est la grande maîtresse ; et c'est à elle que doit rester le dernier mot.

M. Albert Piola, président de l'association viticole de Libourne, est déjà entré dans cette voie. Sa vigne du Clos-Cadet va être alternativement fumée et traitée, et d'ici quelques années nous serons fixés sur ce point.

Les prix du traitement au sulfure de carbone ont été relevés avec beaucoup de soin par les diverses commissions de l'association viticole de Libourne.

Ils varient de 150 à 195 francs de l'hectare suivant l'état du sol au moment du traitement, l'habileté des ouvriers, et la quantité de sulfure injecté. Cette quantité, avons-nous vu, ne doit pas être moindre de 200 kilogrammes à l'hectare, mais si, comme il arrive toujours, l'ouvrier prend pour guide les ceps existants, suivant le nombre un peu variable de ceux-ci la proportion peut se trouver légèrement augmentée. La moyenne des prix payés serait de 175 fr., mais le sulfure de carbone est compté à 60 francs les 100 kilogr. Aujourd'hui, la compagnie P. L. M. le livre dans toutes les gares de son réseau à 45 fr. les 100 kilogr., et l'on peut espérer encore de nouvelles baisses. A ce taux, en comptant pour la main-d'œuvre 20 journées à 3 francs et 200 kilogr. de sulfure à 45 francs, on trouverait le prix moyen de 150 francs pour l'hectare.

Les fumures recommandées, en l'absence du fumier de

ferme, sont celles dont M. le professeur Audoynaud a
donné la formule :

Sang desséché	100 kilog.
Sulfate de potasse	250 —
Superphosphate de chaux. .	250 —
Sulfate de fer.	50 —
En tout. .	650 kilog.

au prix de 106 francs. On dépose 130 grammes autour de
chaque souche M. Piola emploie la même formule ; il y
ajoute seulement du sulfate d'ammoniaque 50 kilogr.

Sulfo-carbonates. — Nous en aurions fini avec le
sulfure de carbone, s'il ne nous restait à parler d'une de
ses formes d'emploi les plus savantes et les plus célèbres.

En 1874, alors que le sulfure de carbone n'avait fait
connaître que la violence de ses effets insecticides, que ses
lois de diffusion étaient peu connues, et que la grande
préoccupation était à rechercher les moyens de le maîtriser, M. Dumas, l'illustre chimiste, secrétaire perpétuel
de l'Académie des sciences, proposa l'emploi pour combattre le phylloxera, d'un sel livrant à la vigne, par sa
décomposition lente, et la potasse sa dominante dans les
engrais, et le sulfure de carbone insecticide.

Jamais plus ingénieuse idée ne fut saluée de plus d'espérances, encouragée de plus hauts témoignages, soutenue
par de meilleures mains.

Les sulfo-carbonates, dit M. Mouillefert —qui eut l'honneur de recevoir de M. Dumas lui-même le dépôt des
sels a expérimenter, et qui s'est voué avec une énergie et
une intelligence peu communes à la propagation de la
méthode —les sulfo-carbonates, sous « l'influence de l'acide
» carbonique de l'air et de l'humidité se décomposent ; il
» se forme un carbonate ; de l'hydrogène sulfuré et du
» sulfure de carbone se dégagent peu à peu, et comme
» ces deux derniers corps sont très-énergiques sur le phyl-

» loxera, on comprend que le sulfo-carbonate, placé dans
» le sol, par sa décomposition lente, soit un puissant
» insecticide. De plus, s'il s'agit de sulfo-carbonate de
» potassium (et c'est le seul que l'on ait bientôt reconnu
» avantageux), lorsque le rôle de l'agent toxique est ter-
» miné, il laisse un excellent engrais pour la vigne : le
» carbonate de potasse. »

Dans les essais nombreux qu'il fit de ce sel, à Cognac,
M. Mouillefert démontra que le sulfo-carbonate agissait
par contact et par ses vapeurs de sulfure. Le contact d'une
solution, même étendue, déterminait la mort des phylloxeras et des œufs, que le sulfure épargne trop souvent ;
et cette propriété fut aussitôt utilisée, tant en badigeonnages sur les souches, en vue de détruire l'œuf d'hiver
que l'on pensait y rencontrer, que pour rendre inoffensifs,
au point de vue de la contamination, les plants destinés
à voyager.

Dans la culture, on ne pouvait bénéficier de cette propriété remarquable qu'en introduisant le sulfo-carbonate
en solution très-étendue, formant une masse de liquide
importante, suffisante pour imprégner le cube de terre
occupé par les racines. Le sulfo-carbonate diffusé de cette
façon, dans un sol rendu homogène par l'arrosage, dégageant ses vapeurs sur tous les points du sol, devait avoir
une action insecticide énergique.

Conformément à ce que l'on a trouvé pour le sulfure,
M. Mouillefert ne tarda pas à reconnaître qu'il était nécessaire :

« 1º Que toute la surface infestée fût traitée ;

» 2º Que le toxique fût porté assez profondément pour
» atteindre tous les phylloxeras. »

Nouvelle raison donc d'employer l'eau comme véhicule.
M. Mouillefert continue :

« La quantité employée devra être plus ou moins
» grande, suivant l'état d'humidité du sol et suivant que

» l'on pourra compter ou non sur les pluies; mais elle ne
» pourra être complétement supprimée. »

Cette dernière affirmation m'amène à signaler l'erreur
où, selon nous, sont tombés ceux qui ont employé le sulfo-
carbonate en injection, sans le concours de l'eau. Une
telle pratique ne saurait en effet leur procurer les avantages spéciaux et très-réels des sulfo-carbonates.

L'action fertilisante du sulfo-carbonate injecté, à dose
peu considérable, dans deux ou trois trous espacés, est à
peu près complétement perdue pour la plante et ne saurait
entrer en ligne de compte. On en peut dire autant de
l'hydrogène sulfuré, dont la persistance suffisante dans le sol
au moment de la décomposition est niée déjà par quelques-uns dans toutes les applications, quel qu'en soit le mode.

Quant au sulfure de carbone, se dégageant dans ces
trous d'injection, il agit identiquement au sulfure de carbone injecté pur, avec moins d'énergie seulement —
puisque la dose de sulfure contenue dans le sel se trouve moins forte que celle que l'on a coutume d'appliquer
directement — et son action ressort à un prix beaucoup
plus élevé, grevé qu'il est des frais de fabrication du sel.
L'on n'a même pas le bénéfice d'une durée plus longue.
Nous avons vu que cette durée d'émission était aujour-
d'hui reconnue suffisante pour le sulfure pur. M. Mouillefert dit, de son côté, que « l'action des sulfo-carbonates
» en plein champ était rapidement très-affaiblie;... que son
» action dans le sol est généralement terminée au bout de
» quelques jours. » D'autre part, M. Marion, dans ses
expériences du Canet, démontrait que le sulfo-carbonate
injecté à la dose de 200 grammes, ne faisait pas plus
d'effet que 30 grammes de sulfure pur.

En bien des cas, on a voulu se soustraire par l'emploi
du sulfo-carbonate, aux dangers qu'amène, dit-on, l'emploi
du sulfure. Il n'y a pas à nier ces dangers.

Comme le pétrole, le sulfure de carbone peut s'emflammer; comme le gaz qui illumine nos maisons, ses vapeurs coulant sur le sol peuvent, à la moindre étincelle, prendre feu, détonner et détruire, produisant les mêmes ruines que la poudre ou la dynamite qui se trouvent aujourd'hui dans toutes les mains. N'était l'accident important, paraît-il, dont la fabrique de Libourne a été le théâtre, on pourrait dire qu'à Libourne, comme à Marseille et dans tous les centres d'expériences où la compagnie P. L. M, a expédié ses barils, aucun accident, même le plus petit, ne s'est produit.

Une légère couche d'eau maintenue, dans les réservoirs, ou les bidons, sur le sulfure liquide, suffit à éloigner les plus prochains dangers; et la plus vulgaire prudence indique que, comme le pétrole, on ne doit le manier qu'à l'air libre, loin de tout foyer incandescent.

Le sulfo-carbonate n'est pas un composé tellement fixe, qu'il mette sûrement à l'abri de tous les inconvénients reprochés au sulfure mal fabriqué; il a eu sur la végétation des vignes une influence en tout comparable à celle que l'on a reprochée au sulfure. A Mezel, un accacia a été grillé grâce au voisinage d'un baril de sulfo-carbonate dont une petite fuite était restée inaperçue.

Le sulfo-carbonate injecté au pal agit donc comme le sulfure de carbone sous une forme trop dispendieuse et sans compensation; mais ses résultats peuvent être bons.

A Orléans, il a maintenu des vignes malades, sans les avoir encore ramenées à une végétation ou fructification normales.

A Mezel, le résultat est bien meilleur. En mai 1877, à la suite d'une conférence à Pont-du-Château de M. Truchot, — le savant et dévoué directeur de la station agronomique, — M. Archimbault, maire de Mézel, rechercha dans sa vigne malade depuis quelque temps et découvrit le phylloxera. M. Truchot, se rendit immédiatement à Cognac, et reçut de M. Mouillefert les instructions nécessaires pour l'emploi du sulfo-carbonate. Au retour, il traita, dans la vigne de la veuve Jarron, deux ceps malades, à la dose de 50 grammes de sulfo-carbonate de potasse dissous dans 27 litres d'eau. C'était un essai dont l'impatience de la veuve Jarrron ne permit pas de voir longtemps les fruits : la vigne fut arrachée.

En août de la même année, le traitement fut appliqué sur la vigne même de M. Archimbault.

Cette propriété est à 480 mètres d'altitude. Le Pradal est en sol calcaire, argileux, à sous-sol de marne. Il est riche et a une profondeur de $0^m.35$ à $0^m,40$.

Les plants sont le Gamay petit et gros, de rares Pinots. L'hectare en comporte 20,000, taillés à deux branches, une à bois, l'autre à fruit ; cette dernière recourbée est attachée à l'échalas voisin.

Le prix du sol est environ de 9,000 francs l'hectare. Les frais d'exploitation sont de 320 francs; le produit en vin est estimé en moyenne à 45 hectolitres, et représente une valeur de 975 francs.

Au moment du premier traitement, en août 1875, la tache avait déjà au centre une vingtaine de ceps morts, d'autres très-malades, les confins de la vigne étaient assez beaux, puisqu'il a fallu relever les sarments pour traiter. Mais le peu de fruit existant mûrissait difficilement. La vigne baissait depuis quelques années, et l'on peut faire remonter l'invasion à 1870. La marche a donc été très-lente ici. On trouvait beaucoup de phylloxeras aux racines, les radicelles étaient pourries : 18 ares sur 20 étaient attaqués, et quel-ques parcelles seules aux environs étaient atteintes.

Par suite des pluies, le premier traitement ne fut donné que le 18 août.

Des rigoles pratiquées au-dessous des ceps retenaient l'eau d'arrosage et la faisaient pénétrer : on ne fit pas les cuvettes régulières ordinairement recommandées.

On appliqua par cep 30 grammes de sulfo-carbonate

et 27 litres d'eau ; soit 60 grammes de sulfo-corbonate et 54 litres d'eau au mètre carré.

L'eau était proche, amenée par 160 mètres de tuyaux de toile dans un cuveau, à portée des ceps, où on la puisait.

1876. En mai suivant, les colonies d'insectes furent encore reconnues et un nouveau traitement fait avec beaucoup d'eau.

Fin d'août et septembre. Une seconde application était nécessaire. L'emploi de l'eau fut rejeté comme beaucoup trop onéreux, et le sulfo-carbonate étendu de sept à huit fois son poids fut introduit dans les trous faits avec un gros pal généralement employé dans le pays pour les plantations. Le sulfo-carbonate porté dans un seau est versé à la casserole par le même ouvrier qui bouche les trous. La jauge est faite de façon à introduire toujours 30 grammes de sel dans chaque trou.

1877-78. Les mêmes traitements, en mai et août ont continué à être donnés. Partout où il y a eu diminution de traitement on a constaté, paraît-il, une augmentation d'insectes.

La première année, une fumure de fumier de ferme, enrichie de 150 kilogrammes d'engrais chimiques renfermant, potasse, azote et phosphate, additionnés de matières goudronnées, fut appliquée.

La visite des racines fait découvrir quelques insectes ; mais davantage et avec des nymphes dans les vignes qui attendent encore le second traitement.

Le système radiculaire est médiocrement développé surtout au centre de la tache. La végétation est un peu plus de moitié de la végétation normale, et il y a peu de fruit. Ceci peut-être attribué à la gelée qui, cette année, a sévi sur la contrée.

La tache n'est donc pas détruite, comme on l'avait annoncé ; elle n'est pas mieux circonscrite, car pendant la visite même de la Commission, deux nouvelles taches voisines des anciens foyers étaient signalées. Ces taches réunies peuvent occuper 1 hect. 1/2.

A Mezel la dépense a été faite avec une générosité qui ne compte pas, en vue du résultat cherché, et les soins les mieux entendus ont été donnés.

La dépense est faite par le conseil général, le propriétaire qui fournit la main-d'œuvre est lui-même payé. Le traitement n'a pas discontinué depuis quatre ans, à la dose de 60 grammes par souche, soit 1,200 kilogrammes de sulfocarbonate par hectare et par an. Le premier traitement avait été un peu plus élevé. Le prix de revient s'établit ainsi :

1,200 kilogrammes sulfo-carbonate.	600	francs
Transport.	60	—
Main-d'œuvre	150	—
Total. . . .	810	francs

par an, pour deux traitements.

Nous laissons donc de côté ce mode d'application au pal, dont les avantages semblent nuls, et en parlant de sulfocarbonate, nous n'entendons signaler que les sulfo-carbonates employés avec l'eau d'après les principes posés par M. Mouillefert.

C'est l'eau qui doit entraîner le sulfo-carbonate en profondeur et lui permettre d'atteindre les phylloxeras des racines profondes. On voit par là, sachant que la solution à un dix-millième, et même plus, est encore très-efficace, que la quantité d'eau peut-être avantageusement donnée considérable ; mais l'expérience a démontré aussi qu'elle ne pouvait être abaissée au-dessous de 25 à 30 litres par souche, pour baigner 1 mètre de terrain.

« M. Mouillefert reconnaît lui-même que l'eau nécessaire comme véhicule du toxique, pour entraîner le sulfo-carbonate dans les profondeurs de la terre, est un

» obstacle à l'emploi de ce procédé de destruction du
»· phylloxera. »

Nous ne pouvons que répéter ces paroles en constatant
avec quelle énergique persévérance M. Mouillefert s'est voué
à son étude et à sa propagation, s'efforçant d'abaisser les
obstacles par l'étude soigneuse faite, en collaboration avec
M. Félix Hembert, de tout un outillage ayant pour objet
de puiser l'eau à de grandes distances des vignes à traiter
et de l'y amener, à l'aide d'une pompe à vapeur locomobile
et de tuyaux de distribution diminuant ainsi la main-
d'œuvre, dans une notable proportion.

Les applications de sulfo-carbonate deviendraient alors
l'œuvre de puissantes compagnies, disposant du matériel :
machines, chevaux, etc., etc., et des hommes nécessaires
à leur bon maniement.

La dose à introduire par hectare serait, d'après M. Mouil·
lefert, de 500 kilogrammes de sulfo-carbonate de potassium liquide du commerce, mélangé à environ 120,000
litres d'eau.

L'application reste d'ailleurs soumise à toutes les conditions générales que nous avons reconnues nécessaires
pour les insecticides : application d'hiver ou de printemps.
Son action destructive sur les jeunes racines est la même
que celle du sulfure : sous elle les nouvelles radicelles
se dessèchent, ainsi que nous en avons eu la preuve chez
M. de La Vergne.

La Commission a tenu à visiter ce qu'il a été possible
d'expériences faites à l'aide du sulfo-carbonate.

Les essais tentés à l'école d'agriculture de Montpellier,
sous la direction de M. Mouillefert, ont donné les résultats
suivants :

La tache a été découverte, et les vignes ont été traitées
au sulfo-carbonate en 1876-77-78. — Fortement fumées dès
le début, l'envahissement eut lieu malgré cette fumure et
le traitement au sulfo-carbonate.

1876. Traitement avec 125 grammes de sulfo-carbonate et 50 litres d'eau.

Deux traitements sur une partie avec 30 litres d'eau seulement.

1877. Un traitement.

1878. Un traitement, plus un deuxième traitement
d'été sur une parcelle avec 180 grammes de sulfo et 30
litres d'eau.

De plus une fumure coupant en écharpe tous les essais,
permit de combiner les effets de la fumure avec les traitements d'hiver et d'été. — Le sulfo-carbonate avait été dissous dans 20 litres d'eau, et 10 litres d'eau pour la chasse
avaient été versés derrière. Ce dernier traitement a été
appliqué cette année les 19, 20, 22 juillet.

Les vignes ont donné les récoltes suivantes :

Vignes *Claparède* 1874	7,600 kil. de raisins.
—	1875	5,000
—	1876	1,906
—	1877	1,880
—	1878	rien (1) 707 kilos.

La vigne est plantée de Carignane.

Dans la parcelle qui a eu deux traitements et pas de fumure, il y a des morts, d'autres ceps sans fruits, d'autres
au contraire portent des raisins assez beaux. C'est une
terre d'argile plastique très-bonne jadis pour la vigne ayant
donné de 110 à 120 hectolitres à l'hectare.

Dix-sept jours, dit-on, après le deuxième traitement, on
retrouvait des phylloxeras; des fouilles faites en montrent
sur les racines, il n'y a pas de radicelles. M. le Dr Crolas
pense que cette terre trop compacte retient le sulfo-carbonate à la surface, où la décomposition s'opère sans fruit.

Les bandes fumées sont plus belles. Dans la vigne

(1) Première année de traitement.

Malarne, le terrain est un peu meilleur, les résultats plus satisfaisants. Malgré le deuxième traitement on trouve beaucoup de phylloxeras, mais du nouveau chevelu. Il y a quelques beaux ceps et du fruit (1).

Les frais pour cette année, d'après les comptes fournis par l'école, sont les suivants :

ÉCOLE NATIONALE D'AGRICULTURE
DE MONTPELLIER.

DÉPENSES DES VIGNES TRAITÉES PAR M. MOUILLEFERT EN 1878.

VIGNE CLAPARÈDE
0 hect. 71 ares.

		Dépenses par parcelles	Dépenses rapportées à l'hectare
Parcelle à une application, 0 h. 55 arcs.			
Eau : 84.700 litres	17 95		
Sulfo-carbonate de KO	199 65		
Entretien du matériel.	36 30	514 25	935 »
Frais divers (transport, charbon, etc.).	77 »		
Usure du matériel	64 20		
Main-d'œuvre.	119 15		
Parcelle à deux applications, 0 h. 16 ares.			
Eau : 16,000 litres	3 20		
Sulfo-carbonate de KO	116 65		
Entretien du matériel.	10 55	240 40	1,315 »
Frais divers (transport, charbon, etc.).	22 40		
Usure du matériel.	21 60		
Main-d'œuvre.	36 »		

VIGNE MALARNE
1 hect. 81 ares

Parcelle à une application *sans* fumure. . . . . 0 h. 81 ares.		748 »	935 »

(1) La vigne a donné en 1876 — 8,495 k. raisins.
                        1877 — 6,960   —
                        1878 — 2,775   —

	Dépenses par parcelles	Dépenses rapportées à l'hectare
Parcelle à une application *avec* fumure. . . . . 0 h. 77 ares.		
Part des frais fixes 718 85	895 90	1,163 »
Fumier de ferme, à raison de 30,000 k. à l'hect. 177 05		
Parcelle à deux applications *sans* fumure. . . . . 0 h. 10 ares.	93 50	935 »
Mêmes dépenses que pour Claparède. .		
Parcelle à deux applications *avec* fumure. . . . . 0 h. 13 ares.		
1re application (comprenant tous les frais généraux). 121 55	224 50	1,720 »
2e application (sulfo-carbonate et main-d'œuvre). 47 45		
Fumier, à raison de 30,000 k. à l'hectare 55 50		

NOTA. — Dans ces dépenses ne sont pas compris les frais de culture (taille, façon, soufrage, impôt, etc.) s'élevant en moyenne à 300 fr. par hectare.

Le 1er traitement a eu lieu du 1er au 17 mai.

Le 2e traitement a eu lieu du 19 au 22 juillet.

Les tableaux qui précèdent sont fournis par l'école nationale d'agriculture de Montpellier. Si nous comparons ces prix à ceux que nous avons pu recueillir, ils semblent un peu élevés, d'autant plus qu'ils ont été effectués avec les nouveaux appareils de MM. Mouillefert et Félix Hembert.

Chez M. H. Marès, la dépense de main-d'œuvre est estimée à . . . . 200 fr.

L'acquisition du sulfo-carbonate . . 300
_____

Soit, en moyenne. . . . . . . 500 de l'hect.

A Javrezac, vigne Thibaud, les dépenses, main-d'œuvre et transports d'eau à l'aide de voitures compris, se seraient élevées à 820 francs.

Chez M. Moullon, à Vitis-Parck, près Cognac, l'application faite avec beaucoup de soin a coûté 375 francs, mais dans ce prix, location, entretien, ou amortissement des machines ne sont pas comptés.

M. Mouillefert dans l'ouvrage qu'il a publié estime à 600 fr. le traitement fait à la main, et à 240 fr. le traitement à l'aide de ses appareils.

Il est vrai que dans ce dernier prix le sulfo-carbonate est compté à 30 les 100 kilog. prix de fabrique, au lieu de 60 fr. prix ordinaire rendu. Si nous rétablissons ce prix, le traitement ressortirait à 380 fr. environ.

Au Mas de las Sorres, plusieurs parcelles ont été traitées au sulfo-carbonate de potassium, avec 100 cc. de sulfo-carbonate et 25 litres d'eau. Il a été en outre appliqué 5 kilog. de fumier d'écurie.

Vigne de la Chapelle. — La bande n° 5, comprenant 660 ceps, s'est assez bien maintenue.

1877 — 2 k. 200 de raisins. — 1ᵐ, 10 long. des sarments.
1878 — 1 k. 016   —   1ᵐ, 00   —

Vigne du Pin. — En 1877, les carrés traités n° 49, n° 50, n° 51, n° 52, ont commencé à baisser, le poids des raisins et la longueur des sarments ont diminué. Les dix autres carrés traités sont plus beaux qu'en 1876.

En 1878 les quatorze carrés traités sont inférieurs à ce qu'ils étaient 1877.

D'une manière générale, le traitement n'a pas arrêté la maladie, mais les vignes traitées à las Sorres par le sulfo-carbonate restent bien supérieures, dans leur ensemble, à celles de l'école d'agriculture qui ont reçu le même traitement, à cause sans doute de la nature meilleure du sol et de l'état de maladie moins avancé des ceps au moment où le traitement a commencé.

Vigne du Puits. — Les 81 ceps traités sont en décroissance.

1877 — 2 k. 509 de raisins — 0ᵐ,90 long. de sarments
1878 — 1 k. 380   —   0ᵐ,80   —

Les sulfo-carbonates injectés dans le sol, ou associés à des matières pulvérulentes déposées au pied des ceps, ont donné partout des résultats encore moins favorables.

Rappelons ici que l'année 1878 a été mauvaise pour la vigne dans l'Hérault.

A Launac, M. Henri Marès a expérimenté les sulfo-carbonates, d'abord avec pal, faute d'autre moyen, puis en application avec l'eau.

Les vignes sont situées en terrain calcairo-siliceux ferrugineux, de un mètre d'épaisseur reposant sur des marnes.

La plantation comporte 4,400 ceps à l'hectare espacés à 1^m,10 environ. Ce sont en partie des Grenaches et Aramons.

Avant la maladie la fumure était régulière, tous les trois ans.

1876. M. H. Marès a essayé le sulfo-carbonate au pal, sur les points d'attaque, en l'additionnant de marc de soude déposé aux pieds des ceps.

1877. Même traitement qu'en 1878, avec marcs de soude, et 125 grammes de sulfo-carbonate dissous dans 40 litres d'eau.

Le sulfo-carbonate coûtait 60 fr. rendu. La main-d'œuvre pouvait varier de 40 fr. à 50 fr. suivant l'éloignement des puits, mais était en moyenne de 200 fr. de l'hectare ; soit, avec 300 fr. d'acquisition du sulfo-carbonate, 500 fr. pour le prix moyen du traitement d'un hectare. Les fumures ne sont pas comptées.

Il n'y a eu qu'un traitement appliqué en mars, et avec les machines de M. Mouillefert.

On avait donné avant l'opération une façon très-légère et monté de petits bourrelets, formant cuvette, autour des souches. Ces petites fosses bien mises de niveau, se font à l'entreprise, et coûtent 0 fr. 45 à 0 fr. 50 du cent.

M. H. Marès fait observer, encore une fois, que cette année trop de causes perturbatrices ont agi sur la vigne pour pouvoir juger sainement des effets d'un traitement. Beaucoup d'insectes ont été détruits, mais pas tous, les radicelles repoussent partiellement, la vigne est belle et verte.

11

Dans une autre pièce le même traitement a été appliqué;
mais pour le compléter M. H. Marès a fait donner un coup
de pal, avec 10 grammes de sulfure de carbone pur, aux
angles de chaque cuvette. Destruction énorme d'insectes,
dit-il. Il y a peu de fruit, cette vigne est moins belle que la
précédente. Malgré la sécheresse, et l'erineus vitis, très-
abondant sur les feuilles, les pousses d'août sont bien repar-
ties, et il y a des vrilles.

Dans une autre pièce, le sulfo-carbonate a été appliqué,
à raison de 125 grammes dissous dans 30 litres d'eau avec
10 litres de chasse. La végétation s'est maintenue; mais il
y a peu de raisin. Les gribouris abondent au contraire et
le phylloxera est nombreux aux racines. Les pousses sont
bonnes cependant; il y a des vrilles et la taille sera meilleure que celle de l'année dernière. La terre est un peu plus
sablonneuse.

La Commission rencontre là un exemple bien frappant de
l'influence conservatrice des traitements dans une vigne de
la propriété voisine, appartenant à M. de Girard. Cette vigne,
en terrain de première ordre, a encore donné l'année dernière 250 hectolitres de vin à l'hectare. Elle n'a pas été
traitée.

Aujourd'hui elle n'a plus de raisins, ses pousses ont
$0^m,40$; elle est jaune, se sèche, et devra très-probablement
être arrachée l'année prochaine.

Chez M. Maistre, à Villeneuvette, il est bien difficile de
démêler l'effet d'un insecticide au milieu de tous les traitements essayés. L'irrigation est pratiquée là, sur la plus large
échelle. L'eau est menée dans les vignes tous les 8 ou 15
jours, et le terrain est excellent: les vignes se soutiennent.

La Commission a visité la propriété de l'Hermitage, aux
palus de Ludon, appartenant à M. de George.

La vigne est située en terre profonde, très-riche et fraîche. L'eau dans les fossés, et presque à fleur du sol.

On compte pour le traitement, un cep par mètre carré, la

taille est longue, et la vigne maintenue par des fils de fer. Avant la maladie, on ne fumait pas.

La tache a été découverte, en juin 1875, et l'invasion pouvait remonter à 1873 ou 1874.·

Aussitôt la découverte, la vigne a été traitée. Il y avait alors, dit-on, beaucoup d'insectes, presque plus de radicelles, une végétation dans la tache atteignant à peine le tiers de la végétation normale, et pas de fruit. La tache comprenait vingt ceps dont quatre étaient morts.

Aux premiers jours de juin 1875, le premier traitement fut appliqué, avec les récipients carrés, 50 gr. de sulfocarbonate, dissous dans 20 litres d'eau; 10 litres d'eau de chasse par derrière, par cep et par mètre carré.

C'est sous la direction de M. Mouillefert que le traitement a été conduit. On l'a étendu à 15 hectares comprenant les six rangées entières, où se trouvait la tache, et dix autres rangées autour, pour circonscrire celle-ci.

Dans l'hiver de 1875-76, la vigne reçut une forte fumure de bon fumier d'étable. D'après les renseignements qui nous ont été fournis, on a mis une brouettée pour quatre ceps; or 1 mètre cube de fumier contiendrait environ quatorze brouettées.

1876. Le premier traitement a été donné en mai et a été favorisé par les pluies. Même dose qu'en 1875.·

Le deuxième traitement a eu lieu en juin, mais avec moins d'eau, trois arrosoirs au lieu de quatre, pour la même quantité de sulfo-carbonate, 50 gr. par mètre carré. ·

Cette même année, deux irrigations, l'une de 9 jours, l'autre de 12, ont été données.

1877. Deux traitements comme en 1876, mais pas de fumures ni irrigations.

1878. Un traitement en mars et pas de fumure; les radicelles sont belles, mais chargées d'insectes, on y trouve des œufs et des nymphes. La reconstitution peut être considérée comme à peu près complète. Tout le voisinage est phylloxéré. La vigne voisine attaquée, jaune, assez malade, a été traitée cette année. L'attaque n'était pas visible en 1875. Elle n'est séparée de celle de M. de George que par un fossé, mais se trouve élevée de 1 mètre environ, moins fraîche par conséquent, elle luttera peut-être moins avantageusement.

Chez M. de La Vergne, à côté, on voit sur un cep planté en 1874, nous dit-on, un bel exemple de végétation due à la protection du traitement. A côté un cep tué par le sulfo-carbonate, et volontairement, paraît-il. Beaucoup de feuilles grillées au bas des souches, toutes les racines superficielles détruites, pas de chevelu séché par le traitement où la confection des cuvettes. Un autre cep fouillé montre un bon chevelu. La dernière application a été faite il y a huit ou dix jours ; malgré cela on retrouve quelques phylloxeras. — Le prix du traitement est estimé pour la tache, 4 ares, à 28 francs pour l'année, soit 700 francs par hectare. On ne fume pas.

Les vignes du bord, près de la chaussée, sont moins belles, contrairement à ce que l'on observe ordinairement, elles sont situées un peu plus haut, et en sol moins frais.

En somme, résultat moins satisfaisant que chez M. de George. La végétation aérienne est bien développée ; mais une tache adjacente, non traitée et antérieure, présente, bien que jaunissante, un aspect peu différent. La régénération ne peut être qualifiée ici de complète.

Cognac a été le théâtre des premières études sur le sulfo-carbonate. C'est là que M. Mouillefert, directeur de la station de Cognac et délégué de l'Académie, a fait tous ses essais. La Commission s'est donc rendue dans les Charentes, pour constater l'état de la maladie, et les effets des traitements appliqués.

Sa première visite a été à Javrezac, près Cognac, pour la vigne Thibaut.

Elle est située sur une terre argilo-siliceuse de $0^m,40$

à 0^m,60, à sous-sol d'argile, reposant sur la craie blanche ou tuf dur. L'eau reste à la surface du sol.

Les plants sont : la Folle blanche et Malbeck. La vigne a cent ans et comporte 6,000 souches à l'hectare; une bande de 500 environ, morts compris, a été traitée.

La culture se fait à la main, à deux yeux sur trois ou quatre coursons, suivant la vigueur. On ne fume jamais.

L'invasion a été constatée en 1872, et devait remonter à 1870. L'attaque était générale. On trouvait beaucoup d'insectes, aucun chevelu.

Les traitements ont commencé en 1875, en mars, et se sont renouvelés à la même date, en 1876-77, et en mai 1878, sans fumure. Le dosage du sulfo-carbonate a toujours été de 50 gr. par mètre carré, avec une quantité d'eau variable suivant l'état du sol et les facilités de main-d'œuvre. L'eau est à 500 mètres. En 1875-76-77, on a, en moyenne, employé 10 litres d'eau, et cette année 20 litres, à cause de la grande sécheresse. Le prix du traitement annuel s'est élevé à 820 francs par hectare, et ce traitement a été poursuivi pendant quatre années consécutives.

Comme résultat, on trouve un bon chevelu, mais avec des insectes et des nodosités. Les pousses sont assez bonnes, vertes, mais atteignent à peine la moitié de la végétation normale du pays. La fructification nulle jusqu'en 1877, a commencé cette année-là et en 1878 se présente en assez bonne condition, vu l'âge de la vigne et son mauvais état.

Les environs sont détruits et l'hectare de vigne, jadis estimé 6.000 francs, est tombé à 800 francs! Il reste une bonne terre arable. Aussi, malgré la disparition de la vigne, ne retrouve-t-on pas là les désastres lamentables et l'aspect désolé du Midi.

A Chanteloup, chez M. Martel, ont été faits les essais des différents sulfo-carbonates de potasse, de soude, de baryte...

La vigne, moins malade au début que celle de M. Thibaut, s'est maintenue, au dire du propriétaire, dans le même état de végétation et de fructification.

M. Martel estime que dans les conditions générales imposées à la culture du pays, le traitement au sulfo-carbonate, malgré son efficacité, est impossible.

M. Moulion, membre de la chambre de commerce, ancien président du tribunal, a plus d'espoir. Il a abandonné et remis en culture une partie de son vignoble à moitié détruit, pour concentrer tous ses efforts sur la portion la plus riche et la meilleure. Il compte sur l'augmentation de produit due aux engrais, et sur la hausse des vins, amenée par leur rareté, pour obtenir, malgré les frais considérables de traitement, un résultat rémunérateur.

Sa propriété de Vitis-Parc, commune de Cherves, est située en terrain argilo-siliceux, très-siliceux à la surface et friable, de 2 mètres de profondeur, sur sous-sol argileux. Il est entièrement neuf.

Les vignes de Folle-blanche ont vingt-trois ans, sont cultivées à la charrue et à la main; taille courte, à deux yeux sur sept ou huit coursons, la terre étant très-forte. On compte 3,500 ceps à l'hectare.

Jamais, avant la maladie, ces vignes n'avaient été fumées.

La découverte de l'invasion a été faite en 1869 ou 1870. Les vignes étaient fort malades.

En 1875, il y avait des insectes en quantité, les taches nombreuses affectaient chacune 40 à 50 ceps. Les radicelles étaient détruites, la végétation très-réduite, et le rendement en vin tombé de 100 hectolitres à l'hectare, à 24 hectolitres.

Les traitements commencés en 1875 se poursuivirent en 1876-1877, au sulfo-carbonate et au pal, à raison de 10 à 12 gr. de solution par trou, et trois trous, soit 35 gr. par pied. Pendant l'hiver de 1877-1878, il a été administré une bonne fumure avec compost de terre et fumier.

1878. Le traitement régulier est appliqué d'après la méthode Mouillefert et ses appareils.

La dose était de 500 kilog. à l'hect. à 50 fr. les 100 kilog. Le prix de revient a été :

Pour sulfo-carbonate	237 f.50.
Pour main-d'œuvre	100 00.
	337 f.50.

M. Moullon nous accuse un prix de revient de 375 fr., sensiblement le même. Mais il faut remarquer que les engins à l'aide desquels le traitement a été opéré, livrés gratuitement à M. Moullon pour l'expérience, ne sont comptés, ni comme acquisition, entretien, amortissement, ni comme location.

Les résultats sont très-beaux. Le chevelu superbe, malgré quelques insectes, le bois très-bon, bien que au-dessous encore de la végétation normale. Le rendement atteindra probablement 80 hectolitres.

L'eau était très-voisine des champs traités, et la qualité exceptionnelle du sol a sa part dans un succès incontesté.

La Commission a remarqué chez M. Moullon, ses essais de plantation à grand espacement, 8 mètres entre les lignes, et intervalles remplis de prairies. Puis des essais très-satisfaisants de sulfure de carbone pur, injecté au pal, ou mis à l'aide des cubes en bois et des cubes gélatinés de M. Rohart.

Ces derniers traitements n'ont qu'une durée de deux ans, 1877-78. Ils n'ont point reçu de fumure, et le sol semble un peu moins fertile que celui où ont été faites les applications de sulfo-carbonate. Il n'est donc pas surprenant qu'ils se montrent légèrement inférieurs à ceux-ci, qui, outre les conditions supérieures du sol, ont déjà trois années de traitement et une fumure.

Chaque cep traité aux cubes Rohart a reçu, en 1877, trois petits cubes en bois ; en 1878, trois cubes gélatinés.

Pour le sulfate de carbone, les applications ont été de trois trous par cep, à raison de 8 à 10 gr. par trou ; soit 25 à 30 gr. par cep, pratiqués au printemps.

Ces proportions de sulfure sont au-dessous des prescriptions faites, tant par la compagnie P. L. M., que par l'association viticole de Libourne, malgré cela, il y a une reconstitution remarquable du système aérien et du système radiculaire, bien moindre il est vrai sur les parties traitées aux cubes. Malgré cela, M. Moullon, croirait, dit-il, qu'il y a moins d'insectes sur les parties traitées au sulfure de carbone.

M. Moullon, d'accord avec M. le D Ménudier, vice-président de la commission départementale, ne croit pas que la défense puisse être possible dans les terres de Champagne, peu profondes, de 0m,18 environ. La maladie, dans ces terrains, en deux ans, fait son œuvre de destruction.

M. le Dr Ménudier, qui s'est consacré avec tant d'intelligence et d'ardeur à cette question du phylloxera, applique à ses vignes une culture intensive, à l'aide d'engrais appropriés. Malgré ses soins, les vignes en terre de Champagne, s'en vont. Il applique le sulfure de carbone à la dose de 20 à 25 gr. par mètre carré, et fait trois traitements, un d'hiver, et deux autres en mai et juin, par les pluies autant que possible. Il croit peu à la protection suffisante du seul traitement d'hiver. Après trois années de traitement, il constate une amélioration notable et des récoltes de 100 hectolitres à l'hectare.

Tout compte fait, malgré les frais de traitement et les copieuses fumures, grâce aux prix actuels, les résultats sont encore rémunérateurs.

— A la fin de ce travail, on s'attendrait peut-être à trouver une comparaison des différents systèmes, que des succès réels semblent recommander à la pratique, et une discussion des avantages et inconvénients propres à chacun.

La Commission n'a pas pensé, cependant, qu'il fut utile de le faire, dans l'état actuel de la question.

Si les conditions spéciales, nécessaires à la bonne application de chaque méthode ont été suffisamment définies dans les lignes qui précèdent, les viticulteurs, à qui ce rapport s'adresse, pourront juger eux-mêmes, mieux que personne, ce qu'il convient de tenter dans la situation de sol, de climat, de culture, particulière à chacun.

Ce qu'il importe avant tout, c'est qu'on agisse, c'est que l'on veille; que l'ennemi, puisque nous sommes encore impuissants à le prévenir, soit poursuivi, dès son apparition, avec énergie et persévérance.

Pour lui, il ne s'endort pas. Ses nombreuses phalanges avancent sans cesse; le même cortège de ruines les accompagne partout. En 1877, 28 départements étaient envahis; il y en a maintenant 39. D'après le dernier recensement, 700,000 hectares de vignes seraient détruits ou gravement atteints sur les 2,300,000 cultivés en France seulement. Cette année a vu la Bourgogne, la Bourgogne aux grands vins, frappée en plein cœur; et de nos provinces viticoles, la Champagne seule est indemne à cette heure.

Si donc l'on ne peut opposer à cette marche incessante une barrière efficace, la destruction sera vite achevée. Un avenir prochain nous mettra en face d'un de ces désastres inouïs, dont l'histoire des peuples garde la mémoire; d'un de ces fléaux dont les philosophes et les savants, comme les penseurs chrétiens, n'hésitent pas à signaler la cause, chacun selon la pente de son esprit, dans la violation flagrante et continue de quelque loi fondamentale d'ordre naturel ou divin.

Il y a ici autre chose, en effet, que la disparition d'une plante dont la culture séculaire accompagne la vie des peuples en certaines contrées. Le congrès de Lausanne, si souvent cité par nous, a dit dans une courte phrase la triste réalité de cette nouvelle face de la question phylloxérique: « Les conséquences de la maladie de la vigne sont » la ruine et la misère partout, l'émigration ou la démo-

» ralisation dans certaines contrées ; enfin, très-proba-
» blement, dans certains pays, l'abrutissement par les
» alcools et, par ce fait, la dégénérescence de l'espèce. »

Nous ne voulons rien ajouter à des affirmations si nettes qui pourraient être si abondamment développées.

« Il semble donc, dit le Dr Fatio, qu'à tout prix,
» l'on doive lutter contre ce fléau dont il n'est plus possi-
» ble de méconnaître l'immense gravité, et que de pareils
» malheurs doivent susciter, dans tout cœur généreux, un
» désir impérieux de travailler, selon ses moyens, à la pro-
» tection ou au soulagement de tant d'hommes laborieux,
» menacés ou attaqués dans leurs plus précieuses ressour-
» ces » ; à la conservation des foyers ajouterons nous, cette source vive et féconde de la population, sur qui s'appuient les nations fortes et prospères.

Or la science, interprète autorisée de la Providence, dans l'ordre naturel, peut seule guider nos pas, et nous donner les armes victorieuses qui nous manquent encore en nombre suffisant, ou pour répondre aux phases si diverses de la lutte. Quoi qu'on en dise, et elle le sait bien, son œuvre n'est pas encore terminée. Entendra-t-elle l'appel pressant dans la citation précédente qui lui est fait par un des siens ?

C'est le seul vœu que nous puissions faire, et Dieu veuille l'inspirer !

Pour que sa tâche soit accomplie, un devoir reste encore au rapporteur : donner les conclusions qui lui ont été remises, votées à l'unanimité par la Commission internationale de viticulture, et auxquelles il a voulu, dans la mesure de ses forces rester fidèle.

CONCLUSIONS

Il résulte, pour la Commission, des faits qui précèdent, que la vigne européenne peut et doit être défendue.

Les moyens employés seront divers, selon les lieux et les conditions économiques de la région.

Aucun d'eux n'a amené jusqu'ici la disparition définitive de l'insecte ; et, quelle que soit l'efficacité du remède employé, sa répétition, à intervalles plus ou moins rapprochés, s'impose toujours.

Pour tous aussi, la vigilance pour la découverte des premiers points d'attaque et leur traitement immédiat sur une grande surface, constitueront la première condition du succès.

La Commission réservant son jugement sur les poudres toxiques qui lui ont été soumises, et dont l'efficacité n'a pu être suffisamment constatée, résume ainsi ses conclusions sur les procédés suivants :

1° La submersion, faite dans les conditions indiquées par le rapport, a amené la disparition temporaire de l'insecte, et assuré la reconstitution de la vigne ;

2° L'ensablement artificiel, outre son prix trop élevé, se montre inefficace.

Les sables fins et fertiles, profonds de $0^m,50$ au moins et dont la nature extrêmement meuble n'a point été modifiée par un mélange de matières étrangères plus plastiques, s'opposent au déve'oppement nuisible du phylloxera ;

3º Le sulfure de carbone est de tous les agents toxiques celui qui nous offre le plus de facilité d'application et peut être employé dans le plus grand nombre de cas.

Sans entrer dans les discussions de prix ou de méthodes, on peut dire que dans les sols profonds ou moyens, suffisamment frais et favorables à une végétation vigoureuse, le sulfure de carbone défend efficacement la vigne et assure sa reconstitution.

De fortes fumures sont toujours nécessaires pour assurer la régénération de la vigne et compléter le traitement ;

4º Les sulfo-carbonates de potasse, à cause de l'eau que nécessite leur application, auront forcément un emploi plus restreint que le sulfure de carbone.

Leurs propriétés insecticides sont principalement basées sur le même agent : leur potasse, il est vrai, constituant un élément fertilisant, doit se compter en déduction de prix trop élevés, que nous ne discutons pas ici ; mais leur emploi ne dispensera pas généralement d'une fumure complémentaire en azote et acide phosphorique ;

5º Dans tous les cas où les vignes sont attaquées depuis longtemps, si l'envahissement est général, ou si les conditions particulières qui semblent nécessaires aux traitements insecticides de se trouvent pas réunies, les plants américains reconnus résistants pourront être recommandés.

Leur résistance relative aux attaques de l'insecte, la grande variété de leurs types, permettront certainement d'adapter aux différents terrains et aux différents climats des cépages qui leur conviendront plus particulièrement et feront des plants américains de précieux porte-greffes qui permettront de continuer à produire nos vins de qualités reconnues.

Quant à l'emploi des cépages américains comme producteurs directs, les essais faits jusqu'à ce jour ne sont pas assez nombreux, n'ont qu'une durée trop limitée, pour nous permettre de spécifier les espèces plus spécialement recommandables à ce point de vue.

En somme, les études nombreuses auxquelles ces cépages ont donné lieu, les nombreux traitements opérés par l'un ou l'autre des procédés insecticides, nous donnent au moins l'espoir, disons même la certitude que, par l'emploi judicieux de l'une ou l'autre méthode, de vastes étendues de terrain qui eussent été perdues pour la culture de la vigne et même pour toute espèce de culture, pourront être utilisées comme par le passé ; que grâce à l'intelligence, à la persévérance de ceux que l'état de nos vignobles intéresse plus particulièrement, le fléau qui menaçait de tarir l'une des plus grandes sources de richesses de la France, pourra être, sinon absolument arrêté dans ses progrès, du moins considérablement atténué ; et que les efforts communs, accumulés depuis de si longues années seront enfin récompensés.

Imp. — Imprimerie de E DONNAUD, rue Cassette, 1.

www.ingramcontent.com/pod-product-compliance
Lightning Source LLC
Chambersburg PA
CBHW072353200326
41519CB00015B/3750